成长文库
新时代青少年

趣味物理学

Занимательная физика

［俄］别莱利曼 ———— 著
符其珣 ———— 译

中国青年出版社

作者简介

雅科夫·伊西达洛维奇·别莱利曼（**Я.И.Перельман**, 1882～1942）是一个不能用“学者”本意来诠释的学者。别莱利曼既没有过科学发现，也没有什么称号，但是他把自己的一生都献给了科学；他从来不认为自己是一个作家，但是他的作品的印刷量足以让任何一个成功的作家艳羡不已。

别莱利曼诞生于俄国格罗德诺省别洛斯托克市。他17岁开始在报刊上发表作品，1909年毕业于圣彼得堡林学院，之后便全力从事教学与科学写作。1913～1916年完成《趣味物理学》，这为他后来创作的一系列趣味科学读物奠定了基础。1919～1923年，他创办了苏联第一份科普杂志《在大自然的工坊里》，并任主编。1925～1932年，他担任时代出版社理事，组织出版大量趣味科普图书。1935年，别莱利曼创办并运营列宁格勒（圣彼得堡）“趣味科学之家”博物馆，开展了广泛的少年科学活动。在苏联卫国战争期间，别莱利曼仍然坚持为苏联军人举办军事科普讲座，但这也是他几十年科普生涯的最后奉献。在德国法西斯侵略军围困列宁格勒期间，这位对世界科普事业做出非凡贡献的趣味科学大师不幸于1942年3月16日辞世。

别莱利曼一生写了105本书，大部分是趣味科学读物。他的作品中很多部已经再版几十次，被翻译成多国语言，至今依然在全球范围再版发行，深受全世界读者的喜爱。

凡是读过别莱利曼的趣味科学读物的人，无不为他作品的优美、流畅、充实和趣味化而倾倒。他将文学语言与科学语言完美结合，将生活实际与科学理论巧妙联系：把一个问题、一个原理叙述得简洁生动而又十分准确、妙趣横生——使人忘记了自己是在读书、学习，而倒像是在听什么新奇的故事。

1959年苏联发射的无人月球探测器“月球3号”传回了人类历史上第一张月球背面照片，人们将照片中的一个月球环形山命名为“别莱利曼”环形山，以纪念这位卓越的科普大师。

目 录

第一章 速度和运动

第二章 重力和重量·杠杆·压力

第三章 介质的阻力

第四章 旋转运动 · “永动机”

第五章 液体和气体的性质

第六章 热的现象

第七章 光线

第八章 光的反射和折射

第九章 一只眼睛和两只眼睛的视觉

第十章 声音和听觉

Chapter 1

第一章

速度和运动

1.1 我们行动得有多快？

优秀的径赛运动员跑完1500米，大约需要3分35秒。如果想把这个速度跟普通步行速度——每秒钟1.5米——做一个比较，必须先做一个简单的计算。计算的结果告诉我们，这位运动员跑的速度竟达到每秒钟7米之多。当然，这两个速度实际上是不能够相比的，因为步行的人虽然每小时只能走5千米，却能连续走上几小时，而运动员的速度虽然很快，却只能够持续很短一会儿。步兵部队在急行军的时候，速度只有赛跑的人的三分之一；他们每秒钟走2米，或每小时走7千米多些，但是跟赛跑的人相比，他们的长处是能够走很远很远的路程。

假如我们把人的正常步行速度去跟行动缓慢的动物，像蜗牛或者乌龟的速度相比，那才有趣哩。蜗牛这东西，确实可以算是最缓慢的动物：它每秒钟一共只能够前进1.5毫米，也就是每小时5.4米——恰好是人步行速度的千分之一！另外一种典型的行动缓慢的动物，就是乌龟，它只比蜗牛爬得稍快一点，它的普通速度是每小时70米。

人跟蜗牛、乌龟相比，虽然显得十分敏捷，但是，假如跟周围另外一些行动还不算太快的东西相比，那就另当别论了。是的，人可以毫不费力地追过大平原上河流的流水，也不至于落在中等速度的微风后面。但是，如果想跟每秒钟飞行5米的苍蝇来较量，那人就只有用滑雪橇在雪地上滑溜的时候，才能够追得上。至于想追过一头野兔或是猎狗的话，那么人即使骑上快马也办不到。如果想跟老鹰比赛，那么人只有一个办法：坐上飞机。

人类发明了机器，这就使人成了世界上行动最快的一种动物。

相比较而言，苏联生产的带潜水翼的客轮速度可以达到60~70千米/时。而在陆地上人的移动速度可以更快。在某些路段上苏联的客运火车速度可以达到100千米/时。新型轿车吉尔-111（图1）时速可达170千米，而“海鸥”牌可以达到160千米/时。

而现代飞机的速度远远超过刚才的数字。在苏联的很多民用航线上使用的图-104和图-114型客机（图2）的平均速度约800千米/时。在不久前对于飞

图1　吉尔–111型轿车。

机制造而言，超越声速（330米/秒，即1200千米/时）还是一个难题，但如今这个难题已经被克服了。小型喷气式飞机的速度已经达到2000千米/时。

人类制造的工具还可以达到更快的速度。在接近浓密大气层的边缘处飞行的人造地球卫星速度大约8千米/秒。飞向太阳系行星的宇宙飞船获得的初始速度已经超过第二宇宙速度（11.2千米/秒，地球表面）。

图2　图–104型客机。

读者现在可以看一看下面这个速度比较表：

	米/秒	千米/小时		米/秒	千米/小时
蜗牛	0.0015	0.0054	野兔	18	65
乌龟	0.02	0.07	鹰	24	86
鱼	1	3.5	猎狗	25	90
步行的人	1.4	5	火车	28	100
骑兵常步	1.7	6	小汽车	56	200
骑兵快步	3.5	12.6	竞赛汽车	174	633
苍蝇	5	18	大型民航飞机	250	900

滑雪的人	5	18	声音（空气中）	330	1200
骑兵快跑	8.5	30	轻型喷气飞机	550	2000
水翼船	17	60	地球的公转	30,000	108,000

1.2 与时间赛跑

能否在上午8点从符拉迪沃斯托克出发，然后同样在上午8点到达莫斯科？这个问题还是很有意义的。答案是，当然可以。要弄明白这个问题，只需要知道这样一个事实：在莫斯科与符拉迪沃斯托克之间有9小时时差。如果飞机用9个小时穿越莫斯科与符拉迪沃斯托克之间的距离，它到达莫斯科的时间正好是从符拉迪沃斯托克起飞的时间。

符拉迪沃斯托克与莫斯科之间的距离大约是9000千米。这就是说，飞机的速度大约是$9000 \div 9 = 1000$千米/时。在现代技术水平下这个速度是完全可以达到的。

为了实现沿着纬线飞行“超过”太阳（或者，准确地说，“超过”地球），其实不需要很高的速度。在77° 纬线上，飞机只要按照约450千米/时的速度飞行就能够在地球自转的同时在相应固定的时间间隔里经过某一固定点。对于这架飞机的乘客而言，太阳是静止不动地挂在天上，而永远不会落下的（当然，飞机必须按照合适的方向飞行）。

“超过”围绕地球旋转的月球也不是件难事。月球绕地球旋转的速度只是地球自转速度的$\frac{1}{29}$（当然此处是指角速度，而不是线速度）。因此一艘普通的轮船按照25~30千米/时的速度航行就能够在中纬地区沿纬线“赶上”月亮。

而马克·吐温在自己的随笔中也提到了这一现象。在穿越大西洋从纽约到亚速尔群岛的航程中一路是夏日晴朗的天气，而晚上甚至比白天天气还要好。我们观察到了一种奇怪的现象：月亮在每晚的同一时刻出现在天空的同一位置。对于我们来说这一现象最初是令人费解的，但我们很快就理解了其中原委：我们按照每小时在经度上跨越20分的速度向东行驶，就是说正好是使我们与月球保持同步的速度。

1.3 千分之一秒

我们已经习惯使用人类的计时单位，因此，对于我们，千分之一秒的意义简直就等于零。但是，这个微小的计时单位，却在不久之前开始在我们的实际生活上找到了应用。当人类还只是根据太阳的高度或者阴影的长短来判定时间的时候，即使想计算时间准确到几分钟也是不可能的（图3）；当时，人们把一分钟看成是无所谓的时间，根本不值得去量它。古时候，人们过着毫不着急的生活，在他们的日晷、滴漏、沙漏等时计上，根本就没有“分钟”的分度（图4）。直到18世纪初叶，时计面上才出现了指示“分钟”的指针——分针，而秒针直到19世纪初才出现。

千分之一秒，在这样短促的时间里能够做些什么事情呢？能够做的事情多得很！是的，火车在这一点时间里只能跑3厘米，可是声音就能够走33厘米，超音速飞机大约能够飞出50厘米；至于地球，它可以在千分之一秒里绕太阳转30米；而光呢，可以走300千米。

图3　根据太阳的高低（左）或者阴影的长短（右）来判定时间。

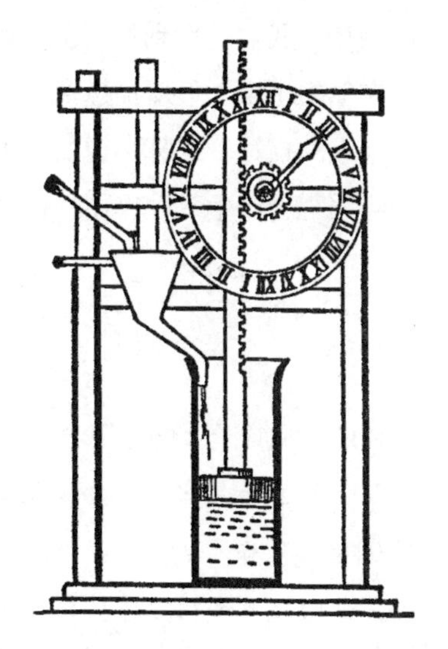
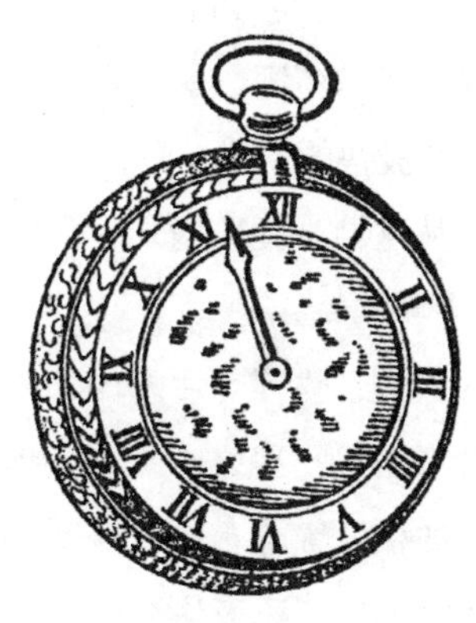

图4　左面是古时候用的滴漏时计，右面是旧时的怀表。这两种时计上都还没有“分钟”的划分。

在我们四周生活着的微小生物，假如它们有思想，大概它们不会把千分之一秒当作“无所谓”的一段时间。对于一些小昆虫来说，这个时间就可以察觉出来。一只蚊子，在一秒钟之内要上下振动它的翅膀500~600次。因此，在千分之一秒里，它来得及把翅膀抬起或放下一次。

人类自然不可能用自己的器官做出像昆虫那样快的动作。我们最快的一个动作是“眨眼”，就是所谓“转瞬”或“一瞬”的本来意思。这个动作进行得非常快，使我们连眼前暂时被遮暗都不会觉察到。但是，很少人知道这个所谓无比快的动作，假如用千分之一秒做单位来测量的话，却是进行得相当缓慢的。“转瞬”的全部时间，根据精确的测量，平均是0.4秒，也就是400个千分之一秒。它可以分作几步动作：上眼皮垂下（75~90个千分之一秒），上眼皮垂下以后静止不动（130~170个千分之一秒），然后上眼皮再抬起（大约170个千分之一秒）。这样你就可以知道，所谓“一瞬”其实是花了一个相当长的时间的，这期间眼皮甚至还来得及做一个小小的休息。所以，假如我们能够分别察觉在每千分之一秒里所发生的景象，那么我们便可以在眼睛的“一瞬”间看到眼皮的两次移动以及这两次移动之间的静止情形了。

假如我们的神经系统果真有了这样的构造，我们所看到的周围事物会使你惊奇到想象不到的程度。作家威尔斯在他的小说《最新加速剂》里，对于在这种情形下所看到的惊人图画有过动人的描写。这部小说的主人公喝下了一种神奇的药酒，这酒对于人的神经系统会产生一种作用，使视觉能够接受各种极快的动作。

下面是从这篇小说里摘录下来的几段：

“在这以前，你可曾看见过窗帘像这样贴牢在窗子上吗？”

我向窗帘望了一望，看见它仿佛冻僵了似的，而且它的一角被风卷起来以后，就这样保留着卷起的样子。“我从来没有看见过，”我说，“真是多么奇怪呀！”“还有这个呢？”他说，一面把他那握着玻璃杯的手指伸直开来。我以为杯子一定马上要跌碎了，但它却没有动一动：它一动不动地悬在空中。“你一定知道，”希伯恩说，“自由落下的物体在落下的第一秒里要落下5米。这只杯子也正在跑它的5米路，——但是，你是明白的，现在一共还没有过百分之一秒[①]，这件事情可以使你对我这‘加速剂’的功效有更深一步的认识。”

玻璃杯慢慢地落下去了。希伯恩把手在杯子四周以及上下方绕转着……

我向窗外望了望。一个僵化在那儿的骑自行车的人，正追着一辆也是寸步不动的小车，自行车后面弥漫着一片僵化了的尘土。……我们的注意力被一部僵化了的马车吸引住了。车轮的上缘、马蹄、鞭子的上端以及车夫的下颌（他正在打呵欠）——这一切，虽然慢，还都在动着；但是这辆车上的其余一切却完全僵化了，坐在车上的人恰似石膏像一般。……有一个乘客在想迎风把报纸折起的时候僵化了，但是对于我们，这阵风是根本没有的。

……方才我所谈、所想以及所做的一切，都是当“加速剂”渗透到我身体机能之后所发生的事，这些，对于别人以及对于整个宇宙，都只是发生在一瞬间的事。

---

① 这里应该注意，一个自由落下的物体，在落下第一秒的第一个百分之一秒的时间里，所落下的距离并不是5米的百分之一，而是5米的万分之一，就是0.5毫米（按公式$S=\frac{1}{2}gt^2$ 计算）；至于在第一个千分之一秒里，那一共只落下0.005毫米。

读者们一定很愿意知道，现代科学仪器究竟能够测到多么短的时间？还在我们这一世纪开始的时候，就已经可以测出$\frac{1}{10,000}$秒来；现在物理实验室里可以测到$\frac{1}{100,000,000,000}$秒。这个时间跟一秒钟的比值，大约和一秒钟跟3000年的比值相等！

1.4 时间放大镜

当威尔斯写这篇《最新加速剂》的时候，他可曾想到，这样的事情以后竟会在实际生活里实现？但是，他真算幸运——他居然活到了这一天，能够有机会用他自己的两只眼睛——虽说只是在电影银幕上——看到当时他的想象所构成的图画。这可以叫作“时间放大镜”，是把平时进行得非常快的现象用缓慢的动作在银幕上表演出来。

所谓“时间放大镜”其实只是一种电影摄影机，它和普通电影摄影机不同的地方，只在于不像普通摄影机每秒钟只拍摄24张照片，而是要拍出多好多倍的照片来。假如把这样拍得的片子仍旧用普通每秒钟24片的速度放映出来，那么观众就可以看到拖长了的动作，就可以看到比原来速度慢了许多的动作。关于这一点，读者们大概在电影上也已经看到过，例如表演跳高姿势的缓慢动作以及别种滞延动作。在比较复杂的同类仪器的帮助之下，人们已经可以达到更缓慢的程度，简直可以看到像威尔斯的小说里所描写的那些情形了。

1.5 我们什么时候绕太阳转得更快些：在白昼还是在黑夜？

巴黎的报纸有一次曾经刊出一则广告，里面说每个人只要花25生丁[①]，就可以得到又经济又没有丝毫困惫痛苦的旅行方法。果然就有一些轻率的人按址寄了25生丁去。这些人每人得到一封回信，内容是这样的：

---

① 生丁是以前的法国货币单位，一百生丁等于一法郎。

先生，请您安静地躺在您的床上，并且请您记牢：我们的地球是在旋转着的。在巴黎的纬度——49° ——上，您每昼夜要跑25,000千米以上。假如您喜欢看看沿路美好的景致，就请您打开窗帘，尽情地欣赏星空的美丽吧。

这位先生终于被人用欺诈的罪名告到法院。他听完判决，付出所判的罚金之后，据说曾经用演剧的姿态站了起来，郑重地复述了伽利略的话：

“可是，无论如何它确实是在转着的呀！”

这位被告在一定意义上是正确的，因为地球上的居民不只绕着地轴在“旅行”，同时还被地球带着用更大的速度绕着太阳转。我们的地球带着它的全数居民在空间每秒移动30千米，同时还要绕地轴旋转。

这里可以提出一个有趣的问题：我们——住在地球上的人——究竟在什么时候绕太阳转得更快一些：在白昼还是在黑夜？

这个问题很容易引起误会，地球的一面如果是在白昼，那么它的另一面就必然是在黑夜，那么，这个问题的提出究竟有什么意义呢？恐怕是毫无意义的吧。

然而问题不在这儿。这儿要问的并不是整个地球在什么时候转得比较快，而是问，我们——地球上的居民——在众星之间的移动究竟在什么时候要更快一些。这样一个问题不能够被认为是毫无意义的。我们在太阳系里是在进行两种运动的：绕太阳公转，同时还绕地轴自转。这两种运动可以加到一起，但是结果并不始终相同，要看我们的位置在地球的白昼或黑夜的一面来决定，请注意图5，你就可以明白在午夜的时候，地球的自转速度要和它的公转前进速度相加，但是在正午时候刚刚相反，地球的自转速度要从它的公转前进速度里减去。这样看来，我们在太阳系里的移动，午夜要比正午更快些。

赤道上的每一点，每一秒大约要跑500米，因此，在赤道地带，正午跟午夜速度的差数竟达到每秒钟整整一千米。例如，一个懂几何学的人也会不难算出，在圣彼得堡（它是在北纬60°上），这个差数却只有一半：圣彼得堡的居民，午夜在太阳系里每秒所跑的路，比他们在正午跑得快500米。

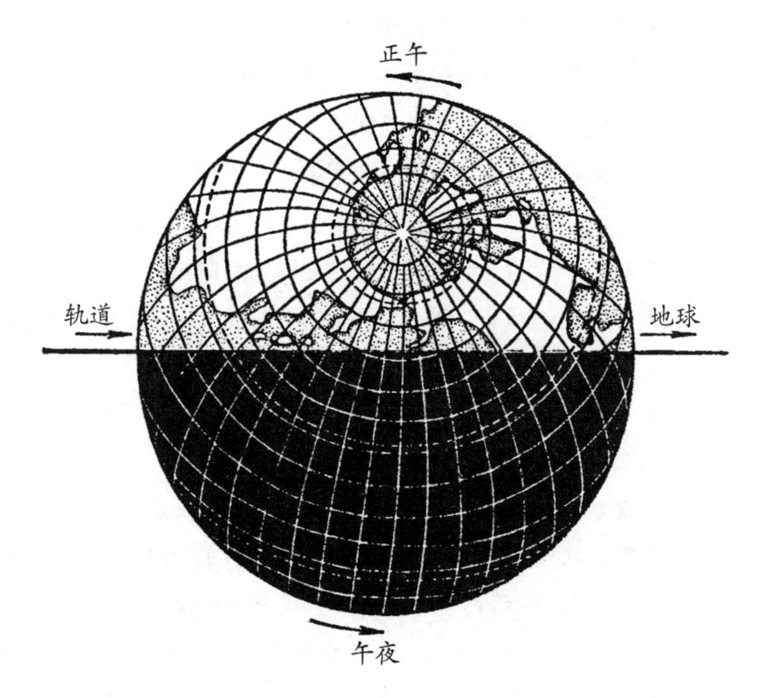

图5　人们绕日的移动，在地球的夜半球上要比在昼半球上更快些。

1.6　车轮的谜

试把一张颜色纸片贴在手车的车轮（或者自行车的车胎）上，就可以在手车（或者自行车）行动的时候看到一种不平常的现象：当纸片在车轮跟地面相接触的那一端的时候，我们可以清楚地辨别纸片的移动；但是，当它转到车轮上端的时候，却很快闪过去了，使你来不及把它看清楚。

这样看来，车轮的上部仿佛要比下部转动得快些。这种情形你也可以在随便哪辆行驶着的车子的上下轮辐上看到，你看到的是轮子的上半部轮辐几乎连成一片，而下半部的却仍旧可以一条一条辨别清楚。这儿又使人产生一个印象，仿佛车轮的上半部要比下半部旋转得快些。

那么，这个奇怪的现象要怎样解释呢？这个解释很简单，只不过由于车轮的上半部的确要比下半部移动得更快一些罢了。这个事实初看的确不大好懂，但是只要这样想一下就会对这个结论完全相信：你知道滚动着的车轮上的每一点都在进行两种运动——绕轴旋转的运动和跟轴同时向前移动的运动。因此，就跟前节所说地球的情形一样，两个运动应该加合起来，而加合的结果对于车轮的上半部和下半部并不相同。对于车轮的上半部，车轮的旋转运动要加到它的前进运动上，因为这两个运动都是向同一方向的。但是对于车轮的下半部，车轮的旋转却是向相反方向的，因此也就要从前进运动里减了下来。就一个静止的观测的人看来，车轮上半部移动得比下半部更快一些，原因就在这里。

为了证明事情的确是这样，可以做一个简单的实验（图6）。把一根木棒插在一辆车子的车轮旁边的地上，使这根木棒恰好竖直通过车轮的轴心，然后，用粉笔或炭块在轮缘的最上端和最下端各画出一个记号，这两个记号应该恰好是木棒通过轮缘的地方。现在，把车轮略略滚动，使轮轴离开木棒20~30厘米，然后再去看看方才的两个记号有了怎样的移动。上面的一个记号*A*移动了一大段距离，而下面的那个记号*B*却一共只离开木棒一点儿——上面的*A*点比下面的*B*点显然是移动了更大的一段距离。

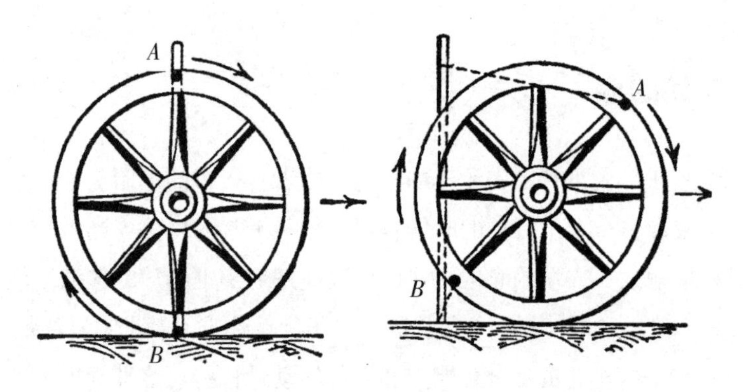

图6　怎样证明车轮上半部的确比它的下半部移动得更快，请比较滚开了的车轮上*A*、*B*两点跟固定不动的木棒之间的距离（右图）。

1.7　车轮上最慢的部分

方才我们已经知道，行驶着的车子的车轮上所有各点，并不移动得一样快慢。那么，一个旋转车轮上究竟哪一部分移动得最慢呢？

移动得最慢的，不难想象是跟地面接触那一部分的各点。严格地说，这些点在跟地面接触的一瞬间，它们是完全没有向前移动的。

当然，以上所说的一切，都只是对于向前滚动的车轮来说是对的，但是对于那些只在固定不动的轮轴上旋转的轮子却不适用。例如一只飞轮，轮缘上的随便哪一点都是用相同的速度在移动的。

1.8　不是开玩笑的问题

下面还有一个很有趣的问题：有一列火车假定从甲地驶向乙地，在这列车上有没有这样的一些点，从跟路轨的相对关系来看，正在向反方向——从乙地向甲地——移动着？

你觉得这个题目出得荒唐吗？但是事实上这列车的每一个车轮每一瞬间有这种向反方向移动的点。你可知道它们究竟在什么地方吗？

你当然知道火车轮缘上有一个凸出的边。好，那么让我来告诉你，当火车向前行进的时候，这个凸出边的最低一点竟不是向前移动，而是向后移动的！

你觉得奇怪吗？好，那么做完下面这个实验你就明白了。找一个圆形的东西，例如一枚硬币或者一个纽扣，把一根火柴用蜡粘在这圆东西的直径上，让它有长长的一段露在外面。现在，把这个圆东西放在尺边上的C点（图7），把它从右向左滚动，你就可以看到火柴的F、E、D各点不但没有跟着向前移动，倒相反地向后退去，火柴上离圆东西的边越远的点，在圆东西向前滚

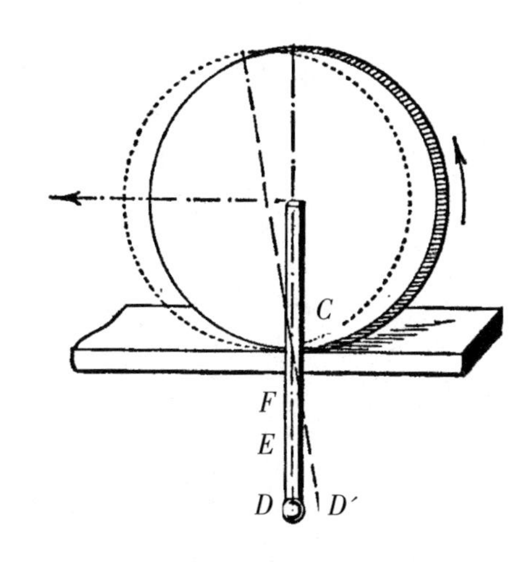

图7　硬币和火柴的实验。硬币向左方滚去的时候，火柴露在硬币外面的部分F、E、D各点却向反方向移动。

动时候倒退的现象也越显著（D点移到了D'点）。

火车的车轮凸出部分的下端当火车前进的时候，也恰好跟我们这个实验里的火柴露出的部分一样，是向反方向移动的。

现在，我说在飞驶着的火车上有一些不是向前而是向后移动的点，你已经不会觉得奇怪了。这个反方向的移动固然一共只延续几分之一秒，尽管在我们的印象里一向都没有这种认识，但是在飞驶的火车上向反方向移动的点终究是有的。这一点，图8和图9可以给我们很好的解释。

图8　当火车车轮向左滚动的时候，它的凸出部分下端却向右方（反方向）移动。

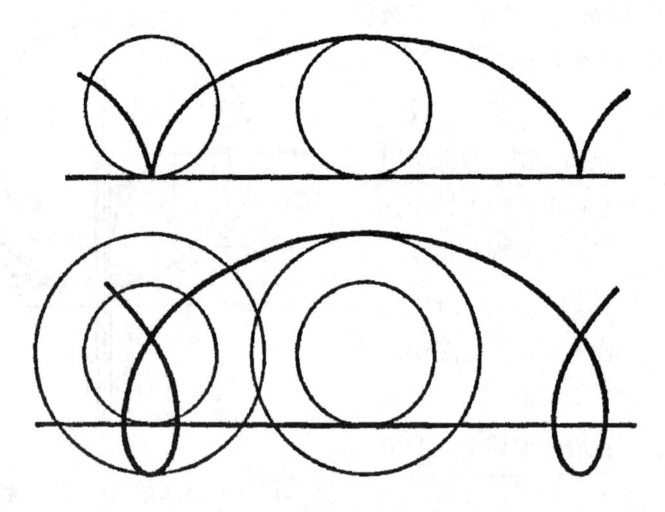

图9　上图表示滚动车轮上每一点所画出的曲线（摆线），下图表示火车车轮凸出部分各点所画出的曲线。

1.9 帆船从什么地方驶来？

假定有一只舢板，正在湖上划行，并且假定图10里的箭头a表示它的行动方向和速度。前面有一只帆船，正在跟舢板垂直的方向上行驶着，箭头b表示帆船的方向和速度。假如有人问你，这只帆船是从什么地方驶来的，你一定立刻能够指出岸上的M点来；但是，假如把这个问题提给坐在舢板上的乘客，那么他们会指出完全不同的一点来。为什么呢？

图10　帆船沿着跟舢板垂直的方向行驶。a、b两箭头表示速度。舢板乘客看到的帆船是从哪里出发的？

原因是，舢板上的乘客所见到的帆船行进的方向，并不是跟他们的行动方向垂直的。因为他们并不感到自己的本身运动：他们只觉得仿佛自己是停在原地不动，而周围的一切却用他们一样的速度向反方向在移动。因此，对于他们，帆船不只沿箭头b移动，同时还沿着跟舢板行动方向相反的虚线箭头a的方向移动（图11），帆船的这两个运动——实际运动跟视运动——按照平行四边形定律加合起来，结果使舢板上的乘客觉得帆船是沿着用a和b做两邻边的平行四边形的对角线移动，也正是这个缘故，舢板上的乘客才会认为帆船的出发点不是岸上的M点，而是N点，照舢板前进方向来说，是比M点更在前面（图11）。

我们在跟着地球沿公转的轨道移动，遇到星体的光线的时候，对于各星体位置的判断，也正犯了舢板乘客判断帆船位置的同样错误。因此，各星体的位置对于我们或多或少有沿地球行动方向向前移了一些的感觉。当然，地球移动的速度跟光速相比太渺小了（只等于光速的$\frac{1}{10,000}$）；因此，星体的视位移也并不显著，但是这个位移仍旧可以用天文仪器来发现。这个现象叫作光行差。

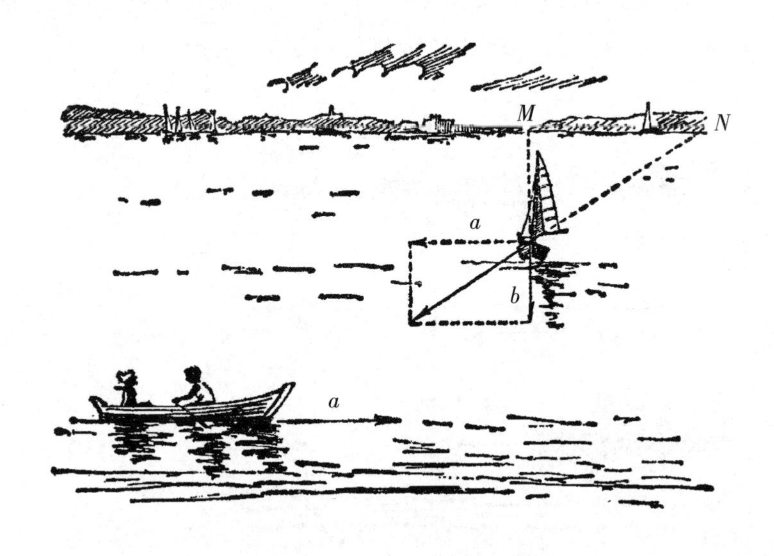

图11　舢板乘客觉得帆船并没有跟他们的航线垂直地行驶，却觉得帆船是从N点出发，不是从M点出发。

假如这类问题引起了你的兴趣，那么，请你试就上面所提的帆船的题目把下面几个问题回答一下：

（1）对于帆船上的乘客，他们觉得舢板正向什么方向行进？

（2）帆船上的乘客认为这只舢板要划向什么地方去？

要回答这两个问题，应该在a线上（图11）画出速度的平行四边形；这个平行四边形的对角线就表示帆船上的乘客认为舢板行驶的方向，以为舢板正在他们面前斜驶，仿佛正预备靠岸一样。

2

Chapter

第二章

重力和重量・杠杆・压力

2.1 请站起来！

假如我向你说："请你坐到椅子上去，我可以肯定地说，你一定站不起来，虽然并没有用绳子把你绑在椅子上面。"你一定会认为这话是在开玩笑。

好的。那么，请你像图12的样子坐下来，把上身挺直，而且不准把两只脚移到椅子底下去。现在，不准把上身向前倾，也不许改变两脚的位置，请你试试看站起身来。

图12 如果用这样姿势坐在椅子上，一定不能够站起身来。

怎么，不成吧？无论你花多大力气，只要不把上身向前倾或者把两脚移到椅子底下去，你就休想站得起来。

要明白这是怎么一回事，我们得先来谈些关于物体以及人体平衡的问题。一个站立着的物体，只有当那条从它重心引垂下来的竖直线没有越出它的底面的时候，才不会倒下，也就是说，才能够保持平衡。因此，像图13的那个斜圆柱体无疑是要倒下去的；但是，假如它的底面很宽，从它的重心引垂下来的竖直线能够在它的底面中间通过的话，那么这个圆柱体就不会倒下了。与著名的比萨"斜塔"相似，俄罗斯阿尔汉格尔斯克的"危楼"（图14）也是同样的情形，虽然已经相当倾斜，却并没有倒下来，正是因为从它们重心引下的竖直线并没有越出它的底面的缘故（当然还有次要的原因，那就是这些建筑的基石都是深埋在地面以下的）。

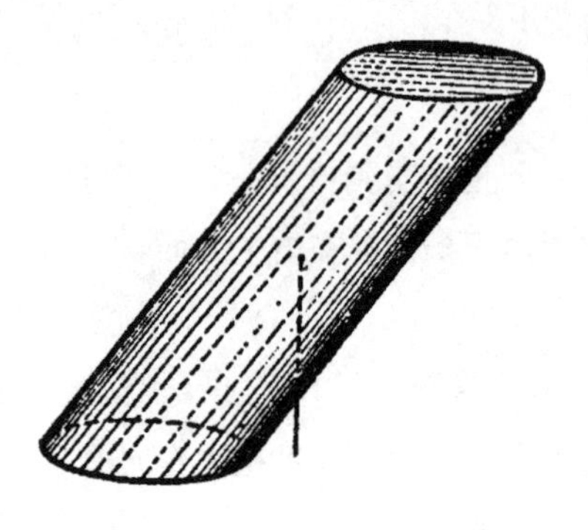

图13　这样的圆柱体是一定会倒下去的，因为从重心引下的竖直线在底面之外通过。

图14　阿尔汉格尔斯克的“危楼”（一张旧时的照片）。

人在站立着的时候，也只在从他的重心引下的竖直线保持在两脚外缘所形成的那个小面积以内的时候才不会跌倒（图15）。因此，用一只脚站立是比较困难的；而在钢索上站立就更加困难：这是因为底面太小，从重心引下的竖直线很容易越出它的底面的缘故。你可曾注意到老水手们走路时候的古怪姿势吗？他们一生都在摇摆不定的舰船上度过，那儿从重心引下的竖直线每秒钟都有可能越出两脚之间的面积的范围，为了不至于跌倒，老水手都习惯把他们的身体的底面（就是两脚之间的面积）尽可能放大。这样他们才可能在摇摆的甲板上立稳；自然，他们这种走路的方法也沿用到陆地上来了。

图15　当你站立的时候，从你重心引下的竖直线必然从两脚外缘所形成的小面积里通过。

我们还可以举出一些反面的例子，就是平衡增进了人体姿势的美观。你可曾注意到，一个在头上顶着重物走路的人，他的姿势是多么匀称！大家也都见过头上顶着水壶的女人的优美姿态。她们头上顶着重物，因此一定要使头部和上身保持笔直的状态，否则，只要有一点偏斜，从重心（这时候重心的位置比一般人提高了许多）引下的竖直线就会有越出底面范围的危险，那么人体的平衡就要被破坏了。

现在，让我们还是回到方才坐定以后站起来的那个实验上来。

一个坐定的人，他的身体的重心位置是在身体内部靠近脊椎骨的地方，比肚脐高出大约20厘米。试从这点向下引一条竖直线，这条竖直线一定通过椅座，落在两脚的后面。但是，一个人要能够站起身来，这条竖直线却一定要通过两脚之间的那块面积。

因此，要想站起身来，我们一定要把胸部向前倾或者把两脚向后移。把胸部向前倾，是要把重心向前移；把两脚向后移，却是使原来从重心引下的竖直线能够投影于两脚之间的面积之内。我们平常从椅子上站起身来的时候，正是这样做的。假如不准许我们这样做的话，那么，你已经从方才的实际经验里体会到，想从椅子上站起身来是不可能的。

2.2　步行和奔跑

你对于自己每天都要做千万次的动作，应该是很熟悉的了。一般人都在这样想，但是这种想法并不一定正确。最好的例子就是步行和奔跑。真的，我们还有什么比对这两种动作更熟悉的呢？但是，想要找到一些人能够正确地解答我们在步行和奔跑的时候究竟怎样在移动我们的身体，以及步行和奔跑究竟有些什么不同，恐怕也并不太简单。现在我们先来听一听生理学家对于步行和奔跑的解释。我相信，这段材料对于大多数的读者，一定是很新鲜的。

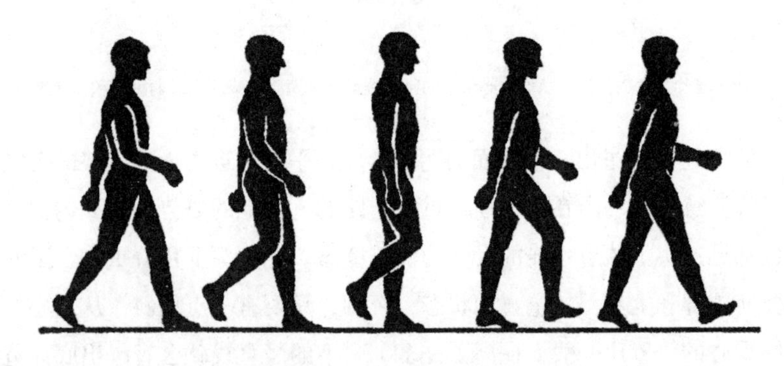

图16　人怎样步行。步行的时候人体的连续动作。

假定一个人正在用一只脚站立着，而且假定他用的是右脚。现在，假定他提起了脚踵，同时把身体向前倾[①]。这时候，从他的重心引下的竖直线自然要越出脚的底面的范围，人也自然要向前跌倒；但是这个跌倒还

① 这时候步行的人因为要向前踏开一步，向支点增加了原来体重以外大约20千克的压力。因此一个步行的人对于地面所施压力要比一个站立的人大。

没有来得及开始，原来停在空中的左脚很快移到了前面，并且落到了从重心引下的竖直线前面的地面上，使从重心引下的竖直线落到两脚之间的面积中间。这样一来，原来已经失去的平衡恢复了，这个人也就前进了一步。

这个人自然也可以就是这样停留在这个相当吃力的状态。但是假如他想继续行进，那么他就得把身体更向前倾斜，把从重心引下的竖直线移到支点面积以外，并且在有跌倒倾向的同时，重新把一只脚向前伸出，只是这一次要伸的不是左脚，而是右脚——于是又走了一步，就这样一步一步走下去。因此，步行实际上是一连串的向前倾跌，只不过能够及时把原来留在后面的脚放到前面去支持罢了。

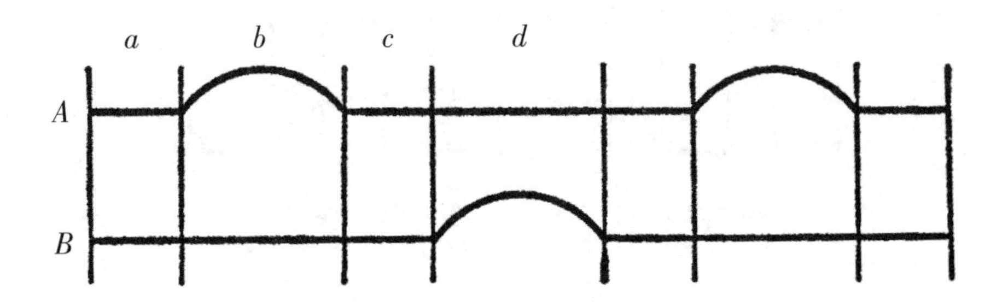

图17　步行时候两脚动作的图解。上面的*A*线表示一只脚，下面的*B*线表示另一只脚。直线表示脚和地面接触的时间，弧线表示脚离开地面移动的时间。从图上可以看出，在一段时间*a*里，两脚都是站在地上的；从时间*b*里，*A*脚在空中，*B*脚继续贴地；在时间*c*里两脚又重新着地。路走得越快，*a*、*c*两段时间也就越短（请跟图19的奔跑图解比较）。

让我们把问题看得更深入一些。假定第一步已经走出了，这时候右脚还跟地面接触着，而左脚却已经踏到了地面。但是只要所走的一步并不太短，右脚脚踵应该已经抬起，因为正是由于这个脚踵的提起，才使人体向前倾跌而破坏了平衡。左脚首先是用脚跟踏到地面的。当左脚的整个脚底已经踏到地面的时候，右脚也完全提到空中了，在这同时，左脚的膝部原来是略略弯曲的，由于大腿股四头肌的收缩就伸直了，并且在这一瞬间成竖直状态。这使得半弯曲的右脚可以离开地面向前移动，并且跟着身体的移动把右脚踵恰好在走第二步的时候放下。

图18　人怎样奔跑。奔跑的时候人体的连续动作（注意奔跑的时候有双脚完全离地没有支点的瞬间）。

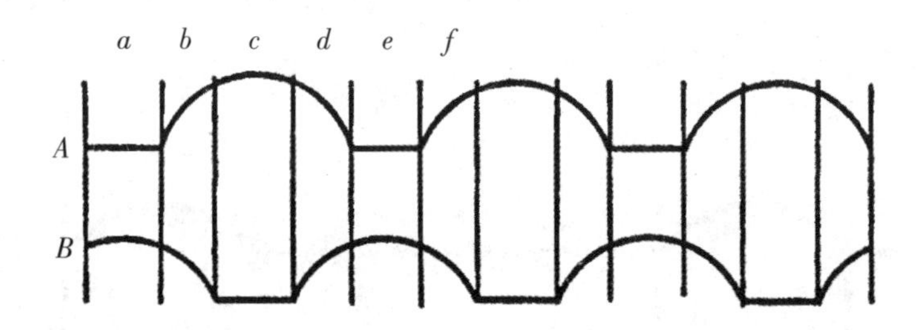

图19　奔跑时候的两脚动作的图解（请跟图17比较）。从图上可以看出，奔跑的时候有两脚都是悬空的瞬间（*b*、*d*、*f*）。奔跑跟步行不同的地方就在这里。

接着，左脚先是只有脚趾踏着地面，立刻就全部抬起到空中，照样地重复方才那一连串的动作。

奔跑和步行的不同，在于原是站立在地上的脚，由于肌肉的突然收缩，就强力地弹了起来，把身体抛向前方，使身体在这一瞬间完全离开地面。接着身体又落到地上，但是已经由另外一只脚来支撑了，这只脚当身体还在空中的时候已经很快地移到了前方。因此，奔跑是一连串的从一只脚到另一只脚的飞跃。

至于在平路上步行时候所消耗的能，它并不像过去想象那样的等于零：步行的人的重心每走一步都要提起几厘米。可以计算得出，在平路上步行时候所做的功，大约等于把步行的人的身体提高到跟所走距离相等的高度时候所做的功的$\frac{1}{15}$。

2.3 从开动着的车子里下来，要向前跳吗？

这个问题，无论你把它向什么人提出，一定会得到相同的答案："根据惯性定律，是应该向前跳的。"但是，你不妨请他把这个道理说得更详细些，问他：惯性对于这个问题究竟起着什么作用？我们可以预言，这位朋友会肯定地滔滔不绝地开始叙述；但是，只要你不去打断他的话头，他很快就会自己也迷惑起来了：他的结论竟是，由于惯性的存在，下车时候相反地竟是要向跟车行相反的方向跳的。

真的，事实上，惯性定律在这个问题上只起着次要的作用，主要的原因却是在另外一点上。假如我们把这主要的原因忘了，那么我们就真会得到这样的结论：应该是向后跳而不是向前跳了。

假设你一定得在半路上从车子里跳下来，这时候会发生些什么情况呢？

当我们从一辆行驶着的车子上跳下的时候，我们的身体离开了车身，却仍旧保有车辆的速度（就是要依惯性作用继续运动）继续前进。这样看来，当我们向前跳下的时候，不但没有消除这个速度，而且还相反地把这个速度加大了。

单从这一点看，我们从车子上跳下的时候，是完全应该向跟车行相反的方向跳下，而绝对不是向车行的方向跳下。因为，如果向后跳下，跳下的速度跟我们身体由于惯性作用继续前进的速度方向相反，把惯性速度抵消一部分，我们的身体才可以在比较小的力量作用之下跟地面接触。

事实上，无论什么人，从车上跳下的时候，总是面向前方的，就是向行车的方向跳下的。这样做也确实是最好的方法，是由不知道多少次的经验所证明了的；这使我们坚决劝告读者在下车的时候不要做向后跳跃的尝试。

那么，究竟是怎么一回事呢？

我们方才那套"理论"跟事实所以有出入，毛病只是出在方才的解释只说了一半，没有说完。在跳下车子的时候，无论我们面向车前还是面向车后，一定会感到一种跌倒的威胁，这是因为两只脚落地之后已经停止了前进，而身体却仍旧继续前进的缘故①。当你向前方跳下的时候，

① 在这种情形下面的跌倒也可以用另一个观点来解释（见本书著者的《趣味力学》第三章"什么时候'水平'线不水平？"一节）。

身体的这个继续前进的速度，固然要比向后跳下的更大，但是，向前跳下还是要比向后跳下安全得多。因为向前跳下的时候，我们会依习惯的动作把一只脚提放到前方（如果车子速度很高，还可以连续向前奔跑几步），这样就会防止向前的跌倒。这个动作我们是非常习惯的，因为我们平时在步行的时候都在不断地这样做着：在上一节中，我们就已经说过，从力学的观点上说，步行实际上就是一连串的向前倾跌，只是用一只脚踏出一步的方法阻止着真正跌倒下去。假如向后倾跌，那么就不能够用踏出一步的方法来阻止跌倒，因此真正跌倒的危险就大了许多。最后，还有一点也很重要：即使我们真的向前跌倒了，那么，因为我们可以用两只手撑住地面，跌伤的程度也要比向后仰跌轻得多。

所以，在下车的时候向前跳跃比较安全，它的原因与其说是受到惯性的作用，不如说是受到我们自己本身的作用。自然，对于不是活的物体，这个规则是不适用的：一只瓶子，如果从车上向前抛出去，落地的时候一定要比向后抛出去更容易跌碎。因此，假如你有必要在半路上从车上跳下，而且还要先把你的行李也丢下去，应该先把你的行李向后面丢出去，然后自己向前方跳下。但最好自然是不要在半路上跳车。

有经验的人——例如电车上的售票员和查票员——时常这样跳：面向着车行的方向向后跳下。这样做可以得到两重便利：一来减少了由于惯性给我们身体的速度；二来又避免了仰跌的危险，因为跳车的人的身体是向着车行的方向的。

2.4 顺手抓住一颗子弹

根据报载，在第一次世界大战期间，一个法国飞行员碰到了一件极不寻常的事件。这个飞行员在2000米高空飞行的时候，发现脸旁有一个什么小玩意儿在游动着。飞行员以为这是一只什么小昆虫，敏捷地把它一把抓了过来。现在请你想一想这位飞行员的惊诧吧，他发现他抓到的是——一颗德国子弹！

你知道敏豪生伯爵[①]的故事吗？据说他曾经用两只手捉住了在飞的炮弹，法国飞行员的这个遭遇跟这个故事简直太相像了。

然而在法国飞行员这个遭遇里，却没有什么不可能的事情。

这是因为，一颗子弹并不是始终用每秒800~900米的初速度飞行的。由于空气的阻力，这个速度逐渐减低下来，而在它的路程终点（跌落前）的速度却只是每秒40米。这个速度是普通飞机也可以达到的。因此，很可能碰到这种情形：飞机跟子弹的方向和速度相同。那么，这颗子弹对于飞行员来说，它就相当于是静止不动的，或者只是略略有些移动。那么，把它抓住自然没有丝毫困难了，——特别是当飞行员戴着手套的时候，因为穿过空气的子弹跟空气摩擦的结果会产生近100℃高温。

2.5 西瓜炮弹

如果说一颗子弹在一定条件下可以变得对人没有妨害，那么，相反的情形也同样可能存在：一个“和平”的物体用不大的速度投掷出去，却可以引起破坏的作用。1924年举行过一次汽车竞赛。沿途的农民看到汽车从身旁飞驰过去，为了表示祝贺，向车上乘客投掷了西瓜、香瓜、苹果。这

图20　向很快开过来的汽车投掷出去的西瓜，会变成一颗“炮弹”。

① 敏豪生伯爵是德国著名故事《吹牛大王历险记》里的主人公。

些好意的礼物竟起了很不愉快的作用：西瓜和香瓜把车身砸凹、弄坏了，苹果呢，落到乘客身上，造成了严重的外伤。这个理由很简单：汽车本身的速度加上投出西瓜和苹果的速度，就把这些瓜果变成了危险的、有破坏能力的炮弹。我们不难算出，一颗10克重的枪弹发射出去以后所具有的能，跟一个4千克重的西瓜投向每小时行驶120千米的汽车所产生的能不相上下。

自然，西瓜的破坏作用是不能跟子弹相比的，因为西瓜并没有像子弹那样坚硬。

等到高空大气层（所谓平流层）里的高速度飞行实现，飞机已经具备每小时3000千米的高速度，也就是有了跟子弹一样的速度的时候，每一个飞行员就都会有机会碰到方才所说的情形。就是在这种飞机飞行的路上，每一个落在这架高速飞机前面的物体，对于这架飞机都会变成有破坏力的炮弹。从另外一架即使不是迎面飞来的飞机上偶然跌落下来的一颗子弹，如果跌到这架飞机上，就等于从机枪射击出的一样：这颗跌下的子弹碰到这架飞机时候的力量，跟从机枪里射到飞机上的一样。这道理很明显，子弹跌到这架飞机上跟从机枪发射出来的相对速度相等（飞机和机枪子弹的速度都跟每秒800米相近），因此跟飞机接触时候的破坏后果也一样。

相反地，假如一颗从机枪射出的子弹，在飞机后面用跟飞机相同的速度前进，这颗子弹对于飞机上的飞行员，大家已经知道是没有妨害的。两个物体向相同方向用几乎相等的速度移动，在接触的时候是不会发生什么撞击的，有一位司机在1935年就曾经十分机敏地运用过这个道理，因而避免了一次就要发生的撞车惨剧。事情的经过是这样的：在这位司机驾驶的列车前面，有另外一列列车在前进。那前面的列车由于蒸汽不足，停了下来，机车把一部分车厢牵引到前面的车站去了，丢下了36节车厢暂时停在路上。但是这截车厢由于轮后没有放置阻滑木，竟沿着略有倾斜的铁轨用每小时15千米的速度向后滑溜下来，眼看就要跟他的列车相撞了。这位机警的司机发现了问题的严重性，立刻把自己的列车停了下来，并且向后退去，逐渐增加到也是每小时15千米的速度。由于他这样机智的办法，这36节车厢终于平安地承接在他的机车前面，没有受到丝毫损伤。

根据同样的道理，人们造出了在行进的火车上使得写字方便的装置。原来，在火车上写字困难，只是因为车轮滚过路轨接合缝时候的震动并不同时传到纸上和笔尖上。假如我们有办法使纸张和笔尖同时接受这个震动，那么它们就会是相对地静止着，这样在火车行进的时候写字就会一点困难都没有了。

要使笔尖和纸张同时受到震动，可以利用图21的装置。图上拿钢笔的右手由一条小皮带系紧在木板*a*上，这块木板*a*可以在木板*b*的槽里向左右移动，木板*b*可以放在车厢里小桌上的木座小槽里向前后移动。这里我们可以看出，手是非常活动的，可以一个字接一个字、一句接一句地写下去；这时候木座上那张纸所受到的每一个震动，也同时传到握在手里的笔尖上。这种装置可以使你在火车行进的时候写字跟火车停止的时候一样方便，只是你眼睛看到的纸面上的字迹却在不停跳动着，这是因为你的头部和右手所受到的震动并不在同一时刻的缘故。

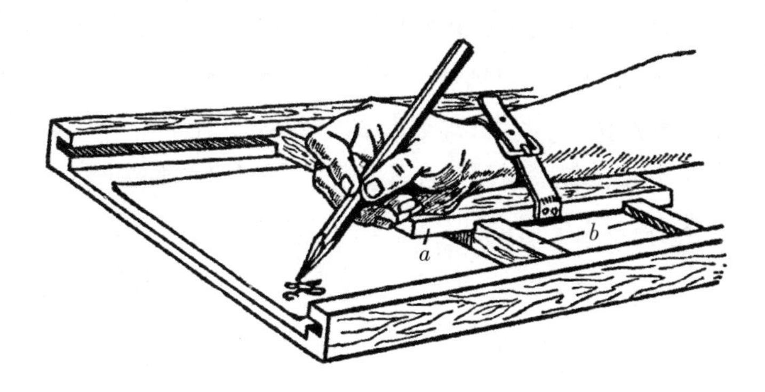

图21 在行进的火车上使得写字方便的装置。

2.6 在台秤的平台上

当你踏上一架台秤上称你的体重的时候，如果想得到正确的结果，你就得一动不动地直立在台秤的平台上。你要是弯一弯腰，好，在你弯腰的一瞬间，台秤立刻就指出重量减低了。为什么呢？这是因为肌肉在上身向下弯曲的同时就把下体向上提升，因此使得向台秤支点所施的压力减轻。

相反地，当你把上身伸直的时候肌肉又会使你的下体对于平台所施的压力增加，台秤就会跟着指出重量增加了。

在一架灵敏的台秤上，即使把手举一下，由于使你的手向上举起的肌肉是依附在肩头上的，举手的动作会把肩头以及整个人体向下压，因此台秤平台所承受的压力也跟着增加。现在如果把已经举起的手停在空中，那么就要使相反的肌肉开始动作，把肩头向上提升，因此人的体重，人体对于台秤支点所施的压力，也就跟着减少了。

相反地，把手放下就会引起体重的减少，等手停稳下来了，体重又会略微增加。

2.7 物体在什么地方比较重?

地球施向一个物体的吸引力（地球引力）要跟着这个物体从地面升高而减低。假如我们把1000克重的砝码提高到离地面6400千米，就是把这砝码举起到离地球中心两倍地球半径的距离，那么这个物体所受到的地球引力就会减弱到四分之一，如果在那里把这个砝码放在弹簧秤上称，就不再是1000克，而只是250克。根据万有引力定律，地球吸引一切物体，可以看作它的全部质量都集中在它的中心（地心），而这个引力跟距离的平方成反比。在上面这个例子里，砝码跟地心的距离已经加到地面到地心的距离的两倍，因此引力就要减到原来的$\frac{1}{2^2}$，就是$\frac{1}{4}$。如果把砝码移到离地面12,800千米，也就是离地心等于地球半径的三倍，引力就要减到原来的$\frac{1}{3^2}$，就是$\frac{1}{9}$；1000克的砝码，用弹簧秤来称就只有111克了，以此类推。

这样看来，自然而然会产生一种想法，认为物体越跟地球的核心（地心）接近，地球引力就会越大；也就是说，一个砝码，在地下很深的地方应该更重一些。但是，这个臆断是不正确的；物体在地下越深，它的重量不但不是越大，反而越小了。这现象的解释是这样的：在地下很深的地方，吸引物体的地球物质微粒已经不只是在这个物体的一面，而是在它的各方面。请看图22。从图上可以看出，那个在地下很深地方的砝码，一方

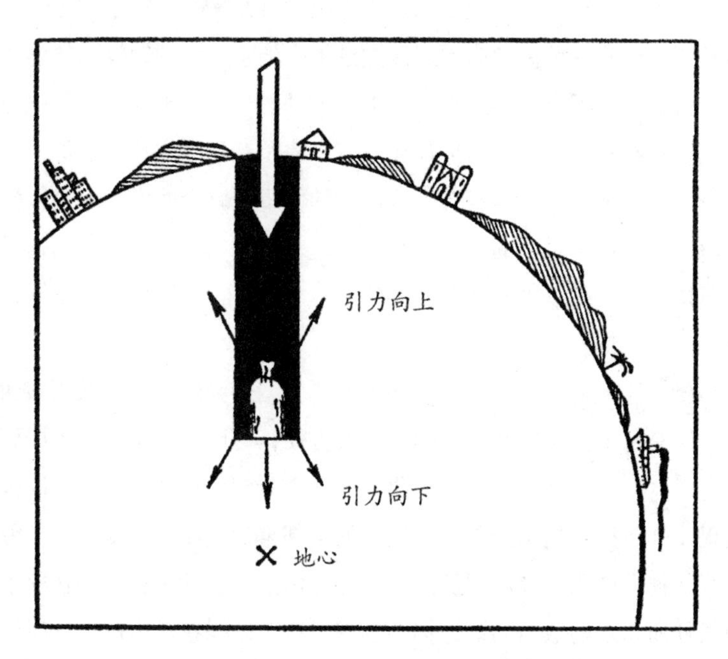

图22　为什么物体深入地球以后重量会逐渐减小。

面受到在它下面的地球物质微粒向下方吸引，另一方面又受到在它上面的微粒向上方吸引。这儿我们不难证明，这些引力相互作用的结果，实际发生吸引作用的只是半径等于从地心到物体之间的距离的那个球体。因此，如果物体逐渐深入到地球内部，它的重量会很快减低。一到地心，重量就会完全失去，变成一个没有重量的物体。因为，在那时候物体四周的地球物质微粒对它所施的引力各方面完全相等了。

所以，物体只是当它在地面上的时候才有最大的重量，至于升到高空或深入地球，都只会使它的重量减少①。

2.8　物体落下时候的重量

你可曾有过这样的经验，比方说坐电梯在开始下落的时候有一种恐惧

① 以上所说的，只是假定地球各部分的密度完全均匀的情形，事实上地球越接近地心的部分密度越大，因此，物体深入地球的时候，它的重量在最初一小段距离里还会增加一些，以后才逐渐减少。

的感觉？你会有一种仿佛向无底深渊跌下去的不寻常的轻飘飘的感觉。这实际上就是失掉了重量的感觉：在电梯开动的最初一瞬间，当你脚底下的电梯地板已经落了下去，而你却还没有来得及产生同样速度的那一瞬间，你的身体几乎没有压在地板上，因而你的体重也就会非常小。这一瞬间过去以后，你的这个恐惧的感觉停止了，这时候你的身体要用比匀速下落的电梯更快的速度落下去，就对电梯的地板施加压力，因此又恢复了原有的体重。

试把一个砝码挂在一只弹簧秤的钩子上，使弹簧秤连同砝码很快地落下去，注意秤上指示的数值（为了观察方便，可以把一小块软木嵌到弹簧秤的缝里，来注意软木的位置变化）。你会看到，在砝码和秤一同落下的时间里，弹簧秤所指示的并不是砝码的全部重量，而只是很小一部分的重量！假如挂着砝码的弹簧秤从高的地方自由落下，而你有办法在落下的路上观察秤所指示的数值的话，你会发现，这个砝码在自由落下的时候竟是一点重量也没有，弹簧秤所指示的数值是0。

即使是最沉重的物体，当它向下跌落的时候，也会变成仿佛完全没有了重量。这一点也不难解释明白。什么叫作“重量”呢？重量就是指物体对它的悬挂点所施的下拉力或者对它的支点所施的压力。但是，自由落下的物体对弹簧秤并不施加任何下拉力，因为弹簧秤也跟着一同落下。当物体自由落下的时候，它既没有拉着什么东西，也没有压着什么东西。因此，如果有人问这个物体在落下的路上重量有多少，就等于问在它没有重量的时候重量有多少。

还在17世纪，奠定力学基础的伽利略就曾经写道：

我们感觉到肩头上有重荷，是在我们不让这个重物落下的时候，但是，假如我们跟我们肩上的重物一起用同样的速度向下运动，那么这个重物怎么还会压倒我们呢？这情形就跟我们想用手里的长矛[①]刺杀一个人，而这个人却在跟我们一起用同样的速度奔跑的情形一样。

① 当然，长矛只准拿在手里，不准向前掷出。

下面一个简单的实验，清楚地证明了这种看法的正确性。把一个夹碎核桃用的铁钳放到天平的一只盘上，这只钳的一只“脚”平放在盘面上，另一只“脚”用细线挂在天平的挂钩上（图23）。天平的另一只盘上放砝码，使两边恰好达到平衡。现在，用一根燃着的火柴把细线烧断，于是，原来挂在钩上的一只“脚”就落到盘上来。

请想想看，当这只“脚”落下的一瞬间，天平会起一些什么变动？在这只“脚”还在继续落下的这一瞬间，放着钳子的这只天平盘会向下沉呢，还是向上升呢，还是停留在原地不动？

对于这个问题，你现在既然已经知道自由落下的物体没有重量，就可以先提出正确的答案来：这只盘在这一瞬间一定会向上升起。

果然，原来挂起的那只“脚”，在落下的时候，虽然跟下面那只“脚”连在一起，但是它对下面一只“脚”所施的压力，到底比它在固定不动的时候小。钳子的重量在这一瞬间要减少些，因此天平盘就要在这一瞬间升起一下（罗森堡实验）。

图23　表示落下的物体没有重量的实验。

2.9　《炮弹奔月记》

在1865~1870年间，法国小说家儒勒·凡尔纳一部幻想小说《炮弹奔月记》出版了，书里描写一个不平常的幻想：要把一个装着活人的炮弹车厢送到月球去！这位小说家把他的这个设计写得非常逼真，好像实有其事，使许多读者一定要发生一个问题：这种想法难道就一定不可能实现吗[①]？这个问题谈起来确实是很有趣的[②]。

首先，我们来研究一下，一颗射出的炮弹，究竟有没有可能——即使只是在理论上——永远不跌回到地球上来。理论上，这种可能性并不是没有的。真的，为什么一颗水平射出的炮弹终于要跌回到地球上来呢？这是因为地球吸引着炮弹，弯曲了它的路线的缘故；因此炮弹并没有能够作直线飞行，而是沿曲线向着地球行进，早晚要跟地面碰头的。地球表面固然也是弯曲的，但是炮弹的路线弯曲得更厉害。假如把炮弹行进的路线改变得少弯曲一些，使它跟地球表面弯曲的程度一样，那么这种炮弹就会永远不跌回到地面上来！它要依地球的同心圆绕着地球运动。换句话说，它好像变成地球的卫星，变成第二个月球了。

但是，如果想使射出的炮弹沿着比地球表面弯曲得更少的曲线行进，该怎么办呢？这个答案很简单，只要使射出的炮弹有足够的速度就可以了。请注意图24，那儿画着地球的一部分截面。我们的大炮安放在山峰上的A点。从这门大炮水平射出的炮弹，假如没有地球引力的影响，在一秒钟以后应该到达B点。但是地球引力改变了这种情形，在地球引力的作用下，炮弹在射出一秒钟以后到达的不是B点，而是比B点低5米的C点。5米这个数目，是每个自由落下的物体在真空里受到地球引力的作用在第一秒钟里所落下的距离。假如这颗炮弹在降落这5米以后和地面的距离，恰好跟它在A点的时候和地面的距离相等，那就表示它正沿着地球的同心圆在飞着。

现在我们只剩下求出AB线段的长短（图24），也就是说，求出炮弹在一秒钟里沿水平方向所走的距离；这样我们就可以知道，炮弹应该用每秒多少的速度发射出去才可以使它不跌回到地面上来。这个计算并不

① 1969年7月16日美国发射“阿波罗11号”，人类于7月20日首次登上月球。

② 现在，在发射了人造地球卫星和头几个宇宙火箭以后，我们可以说，宇宙旅行利用的将是火箭，而不是炮弹。但是，火箭的最后一级工作完了以后，支配火箭运动的原理跟炮弹是一样的。因此，本节内容仍然适用。

麻烦，可以从三角形AOB求出：在这个三角形里，OA是地球半径（大约等于6,370,000米）；$OC=OA$，$BC=5$米；因此$OB=6,370,005$米。根据勾股弦定理，得

$$\overline{AB}^2=(6,370,005)^2-(6,370,000)^2$$

把上式解出来，得AB大约等于8千米。

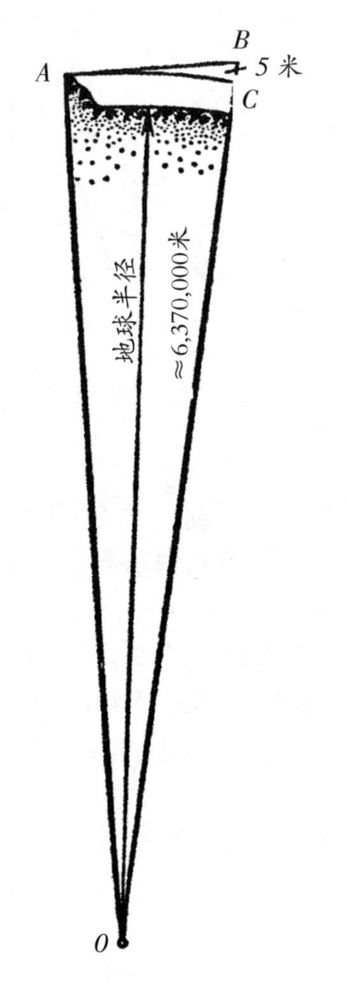

图24　永远射离地球的炮弹速度的计算。

这样，假如没有阻止物体运动的空气，那么，从大炮里用每秒8千米的速度射出的炮弹就永远不会落回到地面上来，而是绕着地球转圈子，就像一颗卫星一样。

那么，假如我们能够使炮弹从大炮里用比每秒8千米更大的速度射出去，它会飞到什么地方去呢？天体力学证明，当速度是每秒8千米以上，9千米，甚至10千米的时候，炮弹从炮筒射出以后要绕地球走出椭圆的路线，初速度越大椭圆越伸长。当炮弹速度在每秒11千米或者11千米以上的时候，炮弹所走出的路线已经不再是椭圆，而是不封闭的曲线“抛物线”或“双曲线”，永远离开地球了（图25）。

现在，我们已经看到，在理论上，乘坐在用高速度射出去的炮弹里到月球去旅行这一件事情，不是不可思议的①。

（上面这一段讨论，是假定大气对于炮弹的行进不起阻碍的作用，事实上，大气阻力的存在使得这样高的速度更不容易得到。）

① 但是这儿却会碰到另外一种性质的困难。对于这个问题，本书的续编里，有比较详细的说明。

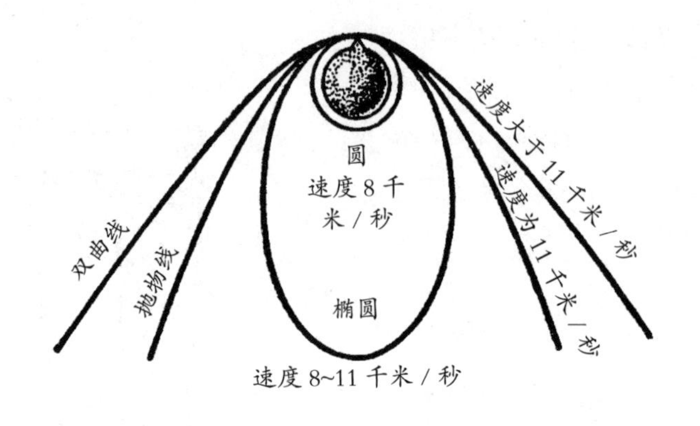

图25 用每秒8千米或8千米以上的初速度射出的炮弹的命运。

2.10 儒勒·凡尔纳怎样描写他的月球旅行以及这旅行应该怎样进行?

凡是读过方才提到的儒勒·凡尔纳那部小说的人，一定很愿意回味书里描写炮弹飞过地球和月球的引力相等的一点时候的有趣情形。那儿发生了简直像童话里一样的事情：炮弹里的一切东西都失掉了重量，而那些乘客，只要一跳就会悬空不落下来了。

这段描写是完全正确的，但是这位小说家忽略了一点，就是这样的情形也应该在这个引力相等的一点以前和以后发生。我们不难在这里证明，炮弹里的乘客和一切东西，在炮弹刚一飞出的时候就已经完全没有了重量。

这一点看起来仿佛叫人难以置信，但是我想你细细一想，一定会奇怪自己为什么对于这样大的疏忽当时竟一点也没有觉察。

我们仍旧拿儒勒·凡尔纳的小说来做例子。无疑，你们一定没有忘记“炮弹车厢”里的乘客怎样把那只狗的尸体丢到车厢外面去，以及他们发现那尸体并没有向地面跌落而是继续跟车厢一同前进的时候那种惊奇的情形。这位小说家正确地描写了这个现象，而且给这个现象做了正确的解释。确实，大家都知道，所有物体在真空里都是用同样的速度落下：地球引力使所有物体得到了相同的加速度。在现在这一种情形，炮弹车厢和狗的尸体在地球引力的作用下，自然应该产生相同的落下的速度（相同的加速度）；或者，更准确地说，它们从炮筒射出的时候所得到的速度，应当在重力的作用下同样地减低。于是，炮弹车厢和狗的尸体在行进路上的每一点上，速度应该始终是完全相同的。因此，从炮弹车厢里投掷出去的狗的尸体，会继续跟着车厢行进，一步也不落后。

但是，这位小说家对于下面一点却没有想到：假如狗的尸体在炮弹车厢外面不会向地面跌落，那么，为什么在车厢里面却会跌落呢？无论它在车厢里面或者外面，它所受到的作用的力量都是相同的呀！因此，狗的尸体即使悬空放在车厢里面，它也应该停留在空中：它有跟炮弹车厢完全相同的速度，因此，在跟车厢的相对关系上，它是停留在静止状态中的。

这个道理，对于狗的尸体适用，对于炮弹车厢里的乘客和所有东西也适用：在行进路上的每一点上，它们都跟炮弹车厢有相同的速度，因此它们即使停留在没有什么支持的地方，也不应该落下。原来是放在车厢地板上的一把椅子，可以四脚朝天地放到车厢的天花板下面不会跌“下”来，因为它要跟着天花板继续向前行进。而乘客呢，也可以“头向下”地坐到这张椅子上，毫不感到有要跌下来的威胁。真的，有什么力量能够使他跌下来呢？因为，假如他跌了下来的话，那就等于说炮弹车厢在空间行进得比乘客更快（否则的话，椅子是不会向地板接近的）。而这是不可能的，因为我们知道，炮弹车厢里的一切东西，都跟炮弹有相同的加速度呀。

这一点，小说家没有注意到：他以为在自由行进的炮弹车厢内部的物体，仍旧要压向它们的支点，和炮弹车厢静止不动时候的情形一样。儒勒·凡尔纳忽略了一件事，就是，物体所以向支点施压力，只是因为它的支点是静止不动的，或者虽然在动但不是用同样速度在动；假如物体和它的支点在空间用相同的加速度运动，那么它们就不可能彼此相压了。

这样，我们的乘客从旅行开始的最初瞬间起，就已经没有重量了，而能够自由地在炮弹里的空中停留；同样，炮弹车厢里的所有东西也应该立刻变成完全没有重量的了。根据这个特点，炮弹车厢里的乘客可以确定，他们是在空间很快地前进着呢，还是一动不动地停留在大炮筒里。但是我们的小说家却说，乘客在他们的天空旅行开始以后半小时，还在对一个问题解决不了，就是，他们是在飞行着呢，还是还没有飞出？

“尼柯尔，我们可是在飞着吗？”

尼柯尔和阿尔唐面面相觑，他们没有感觉到炮弹的震动。

“真的！我们究竟是在飞着吗？”阿尔唐重复说。

“会不会是一动不动地停在佛罗里达的地面上？”尼柯尔问。

“还是在墨西哥湾的海底下？”米歇尔加了一句。

像这一类疑问从海轮上的乘客发出是可能的，但是对于自由行进的炮弹车厢里的乘客，发生这种疑问是没有意义的：海轮上的乘客是仍旧保有他们的重量的，但是炮弹车厢里的乘客却不可能不发现他们已经变成完全没有重量的人了。

在这一个幻想的炮弹车厢里，可以看到多少奇怪的现象啊！这是一个小巧玲珑的世界，这儿，一切东西都丧失了重量；这儿，一切东西从手里放开以后，仍旧停留在原来的位置；这儿，一切东西在随便什么情况都会保持着平衡；这儿，打翻了的瓶子也不会有水流泻出来……这一切，《炮弹奔月记》的作者都忽略了，而这些奇怪的现象本来可以给我们这位小说家提供多么广阔的写作材料呀！

2.11 用不正确的天平进行正确的称量

请想想看，要想得到正确的称量，什么东西最重要，是天平还是砝码？

假如你的回答是两种东西同样重要，那你就错了：你可以用一架不正确的天平做出正确的称量，只要你手头有正确的砝码。用不正确的天平进行正确的称量，有几种方法，我们只来谈谈里面的两种。

第一种方法是俄罗斯的化学家门得列耶夫所提出的。第一步，把一个重物放到天平的一只盘上，——什么重物都可以，只要它比要称的物体重一些就好。第二步，把砝码放在另外一只盘上，使天平的两边平衡。第三步，把要称的物体放到放砝码的盘上，从这只盘上逐渐把一部分砝码拿下来，使天平恢复平衡。这样，拿下的砝码的重量，自然就等于要称的物体的重量，因为就在这同一只天平盘上，拿下的砝码现在已经由要称的物体代替了，可知它们是有相同的重量的。

这个方法一般叫作“恒载量法”，对于需要一连串称量几个物体的时候特别适用，那原来的重物一直放在一只盘里，可以用来进行全部的称量。

第二种方法是这样的：把要称的物体放到天平的一只盘上，另外拿些沙粒或铁沙加到另外一只盘上，一直加到两边平衡。然后，把这物体拿下（别去动沙粒），逐渐把砝码加到这只盘上，加到两只盘重新恢复平衡为止。于是，盘上砝码的重量自然就是要称的物体的重量了。这个方法叫作“替换法”。

方才说的是天平，那么，弹簧秤只有一个秤盘，要怎么办呢？很简单，也可以采用同样简单的方法，假如你手头除掉弹簧秤以外，还有一些正确的砝码的话。这儿用不到沙粒或铁沙，把要称的物体放到秤盘上，把弹簧秤所指示的重量记下。然后，把物体拿下，逐渐加上砝码，一直到弹簧秤指出同样的重量为止。这些砝码的重量，自然就等于要称的物体的重量了。

2.12 比自己更有力量

你的一只手能够提起多重的东西？假定是10千克吧。你以为这10千克就表示你手臂肌肉的力量了吗？那就错了：你的肌肉的力量要比这个强得多！例如，请注意你手臂上所谓二头肌（图26）的作用吧。这条肌肉固着在前臂骨这个杠杆的支点附近，重物却作用在这个杠杆的另一端。从重物到支点（就是关节）间的距离，大约是从二头肌端到支点的8倍。这就是说，假如重物重10千克，那条肌肉所出的拉力就是这个数值的8倍。因此，我们的肌肉能够发出的力量相当于我们手臂力量的8倍，那么它可以直接提起的重量，就不是10千克，而是80千克。

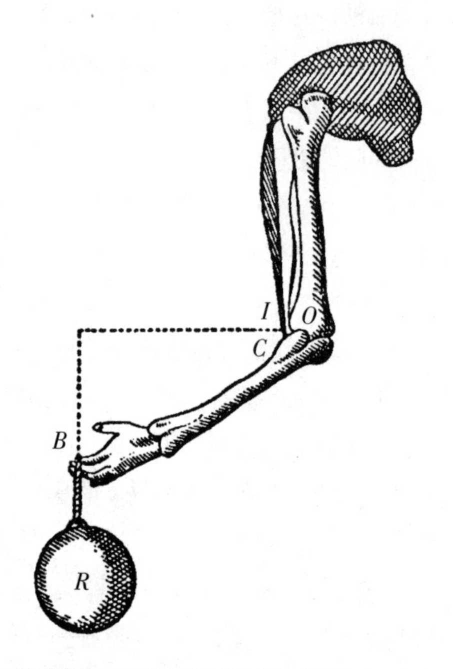

图26　人体前臂骨（C）属于第二类杠杆。作用力（二头肌）的作用点在I点；杠杆的支点在关节上的O点；要克服阻力（重物R）的作用点在B点。BO的距离（杠杆的长臂）大约是IO（杠杆的短臂）的8倍。

我们有权利毫不夸张地说：每一个人的力量要比他自己所表现出来的强许多倍；也就是说，我们的肌肉可以发出比我们在日常动作里所表现的更加强大的力量。

那么人的手臂这样的构造合理不合理呢？初看仿佛是不合理的，——我们在这儿看到的是力的没有代价的损失。然而，让我们想一想那个力学上古老的“黄金法则”：凡是在力量上吃了亏的，在移动距离上一定占了便宜。因此，我们在速度上是占了便宜的，我们两只手的动作就有操纵手的肌肉的动作8倍那么快。动物身体内部肌肉的连接方法，保证了四肢能很快地活动，这在动物的生存方面，是比力量更加重要的。我们人类的手脚假使不是这样构造的话，我们就会是行动极慢的动物了。

2.13 为什么尖锐的物体容易刺进别的物体?

你可曾考虑过这样一个问题：为什么缝衣针能够这样轻易地穿透一个物体？为什么一块绒布或者厚纸板很容易被一根细针穿过，却很难用钝头的钉子把它穿过？在这两种情形里所作用的力不都是相同的吗？

是的，力量是相同的，但是压力强度或者说压强却并不一样。用针穿透的时候，全部力量都集中在针的尖端；而用钉子的时候，同样的力量却分配在比较大的钉尖面积上；因此，针所施的压力强度要比钝头钉大得多——这是说我们所用的力量假定是完全相同的话。

谁都知道，一具二十齿耙耙松的土地，要比同样重的六十齿耙耙得深。为什么呢？这是因为二十齿耙每一个齿上分配到的力量要比六十齿耙分配到的力量大。

当我们谈到压力强度的时候，我们一定要在力量之外更注意这个力量作用的面积。同样大小的一个力量所产生的压强大小，要看它作用的面积究竟是一个平方厘米呢，还是集中在百分之一平方毫米上。

你用滑雪橇能够在松软的雪面上行走，不用滑雪橇就要陷到雪里去。为什么呢？因为用了滑雪橇身体压力分配在比不用的时候大得多的面积上。举例来说，两只滑雪橇的面积等于我们两只鞋底的20倍，那么，用滑雪橇的对于雪面所施的压强，就要比两脚站在雪面上的所施的压强弱，只等于两脚站着的所施压强的$\frac{1}{20}$。因此，松的雪面能够承受得住滑雪橇上面的人，却承受不住用两脚站着的人。

根据同样的理由，在沼泽里工作的马，时常要在马蹄上系着特制的“靴子”，来增加马蹄和地面间的接触面积，减少沼泽地面所受的压强：这样一来，马蹄就不会陷到沼泽泥淖里去了。在有的沼泽地，连人也是这样做的。

人在薄冰上通过的时候，一定要匍匐爬行，也是为了把自己的体重分配到比较大的面积上。

最后，还有庞大沉重的坦克和装有履带的拖拉机，在疏松地面上之所以不会陷下去，也仍旧是这个缘故，它们的重量是分配在比较大的支持面积上的。8吨或8吨以上装有履带的车辆，对于每一平方厘米地面的压力不超过600克。从这一个观点看来，沼泽地带应用的装有履带的载重汽车，真是很有趣的。这种汽车载了2吨重的货物，加到地面的压强一共只有每平方厘米160克；因此，它能够在沼泽地带以及泥泞或沙漠地区行驶得很好。

像这样支持面积大的情形，在技术上，跟支持面积小的就像针尖的情形一样，是可以好好利用的。

从上面所说的，可知尖端之所以容易刺进物体，只是由于力的作用所分配的面积小的缘故。锐利的刀子要比钝刀容易切割东西，也可以用完全相同的理由解释：力量集中在比较小的面积上。

所以，尖锐物体容易刺进或切割物体，只是因为在它们的尖端或锋刃上集中了比较大的压力的缘故。

2.14 跟巨鲸相仿

你坐在粗板凳上，会觉得坚硬不舒适，但是，如果坐在同样是木质的可是光滑的椅子上，却觉得很舒适，这是什么缘故呢？还有，为什么睡在由相当硬的棕索编成的吊床上会觉得柔软舒适？为什么睡在钢丝床上不会觉得坚硬难受？

这道理是不难明白的。粗板凳的凳面是平的，我们的身体只有很小一部分面积能够跟它接触，我们的体重只好集中在这比较小的面积上。光滑的椅子的椅面却是凹入的，能够跟人体上比较大的面积相接触，人的体重就分配在比较大的面积上，因此，单位面积上所受到的压力也就比较小。

所以，这儿的全部问题只在压力的分配更均匀。如果我们躺在柔软的床褥上，褥子就变成跟你身体的凹凸轮廓相适应的样子。压力在你身体的底面上分布得相当均匀，因此身体上的每一平方厘米面积上，一共只分配到几克的压力。在这种条件下，你当然就能够躺得非常舒适了。

这个差别，也不难用数字表示出来。一个成年人身体的表面积大约是2平方米或20,000平方厘米。假定我们躺在床上的时候，靠在床上的面积大约有身体表面积的四分之一，也就是0.5平方米或5000平方厘米。又假定你的体重大约是60千克（平均数），也就是60,000克。那么，每1平方厘米的支持面积上，只要承受12克的压力。但是，如果你是躺在硬板上，那么你的身体只有很少几点跟板相接触，而这几个接触点的总面积一共也不过100平方厘米左右，因此每个平方厘米所承受的压力就要是五六百克，而不是只有十几克了。这差别是很大的，因此，我们的身体立刻就会有“太硬”的感觉。

但是，即使在最硬的地方，我们也可以睡得非常舒适，只要把我们的体重均匀分配在很大的面积上就行。比方说你先躺到一片软泥上，把你身体的形状印在这泥上，然后起来让这片泥土干燥（在干燥以后，泥土会收缩5%~10%，但我们假定这个情形不发生）。当这片泥土变成和石块一样坚硬的时候，你试再躺到上面去，使你的姿势和泥上留下的形状相合，那么你就会感到跟躺在柔软的鸭绒垫上一样舒适，一点也不觉得硬，虽然实际上你是躺在石头上。你现在的这个情形，恰跟罗蒙诺索夫在一首诗里所写的那传说里的巨鲸相仿：

> 横卧在尖锐的石块上，
> 这些石块的坚硬它可毫不在乎，
> 对于这伟大力量的堡垒，
> 这些只是柔软的泥土。

而你之所以不觉得这石头的坚硬，原因却不在于“伟大力量的堡垒”，而只是由于你的体重分配到极大的支持面积上的缘故。

Chapter 3

第三章

介质的阻力

3.1 子弹和空气

空气会阻碍子弹的自由飞行，这个事实，是大家都知道的，但是空气的这个阻滞作用究竟大到什么程度，恐怕只有很少人清楚。大多数的人大概有这样的想法，以为像空气这样我们平常几乎不觉察的柔软的介质，对于飞过的步枪子弹一定不会有多大妨碍的。

但是，看一看图27就会明白，空气对于子弹的确有极大的妨碍。这张图上的大弧线表示没有大气的时候子弹飞行的路线；这颗子弹从枪口射出以后（用每秒620米的初速度沿45°角的方向射出），在空中划出高10千米、长40千米的很大的弧线。实际上呢，这颗子弹这样射出以后，在空气里一共只能够划出4千米长的弧线。在这张图上，这条4千米长的弧线跟那条大弧线相比，几乎看不到什么了：空气的阻力竟是这么大！假如没有空气，步枪就可以从40千米远的地方把子弹射向10千米的高空再落到敌人的头上了！

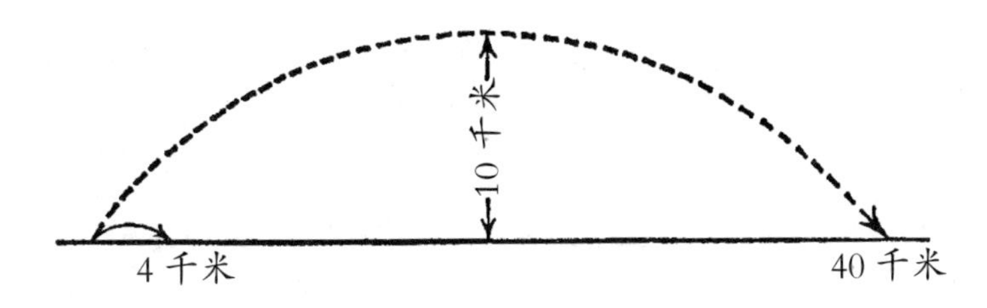

图27　子弹在真空里和在空气里的飞行。大弧线表示没有大气的时候子弹的飞行路线。左面的小弧线表示在空气里飞行的实际路线。

3.2 超远程射击

在一百多千米之外炮击对手是德国炮兵在第一次世界大战即将结束之际（1918年）实现的。当时英国和法国的空军对德军的空袭已经进入尾声，德军指挥部选择了一种特殊的炮击方式袭击了距离前线110千米之外的法国首都。

这种新型的炮击方式是前人未曾尝试过的，德军的炮兵发现它也纯属偶然。本应落到20千米远的地方的炮弹，竟落到40千米的地方去了。原来，用极大的初速度依大角度向上射出的炮弹，到达了空气稀薄的高空大气层，那儿的空气阻力非常小；炮弹在这阻力极弱的介质里，飞过了极长一段路，最后，陡急地落到地面上。图28清楚地表示了：改变发射角度，会使炮弹飞行路线产生多么大的差别。

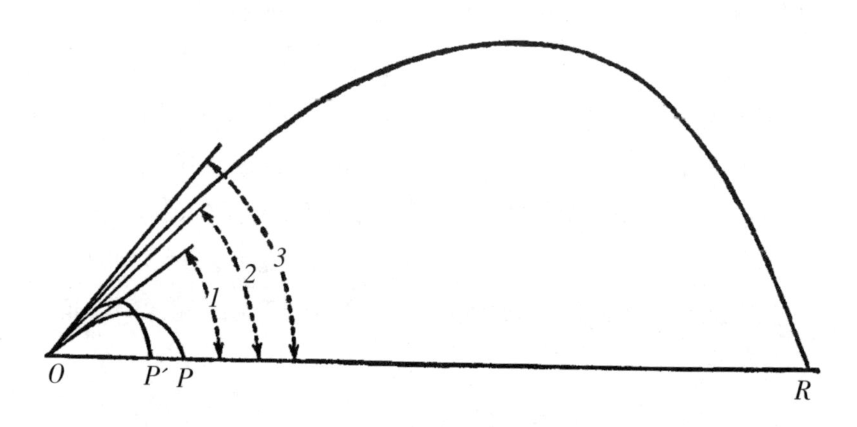

图28　超远程炮弹沿不同射角射击出去所达到的距离的变化情形：炮筒射角如果像图上的∠1，弹着点是P；如果是∠2，弹着点是P′；如果是∠3，射程就加大到许多倍，因为炮弹已经钻到空气稀薄的平流层里飞行了。

这个现象的观察，给德国人奠立了设计从115千米外轰击巴黎的超远程大炮（图29）的基础。这炮制造成功以后，在第一次世界大战中，1918年的夏天，德国军队向巴黎发射了300颗以上的炮弹。

关于这种大炮的情况是这样的，这是一根很大的钢筒，全长34米，粗1米；炮筒下部壁厚40厘米。炮重750吨。炮弹重120千克，长1米，粗21厘米。装药要用150千克的火药，可以产生5000气压的大压力，因此能够把炮弹用每秒2000米的初速度发射出去。炮弹是沿52°的射角射出去的；炮弹射出去以后，划出了一个很大的弧线，弧线的最高点离地大约40千米，早已进了平流层。炮弹从它的阵地射到巴黎——全程115千米——所需要的时间是3.5分钟，里面有2分钟是在平流层里飞行的。

第一座超远程炮的情形就是这样。这是现代超远程炮的祖先。

图29　超远程大炮的外形。

枪弹（或炮弹）的射出初速度越大，那么空气的阻力也就越大。这个阻力并不跟射出初速度成简单的比例增加，而是增加得快得多——是跟初速度的二次方或更高次方成比例地增加的，至于究竟跟几次方成比例，那要看这个速度的大小来决定了。

3.3　纸鸢为什么会飞起?

你可曾想去解答，当你放纸鸢的时候把手里的线向前牵动，为什么纸鸢会向上飞起?

假如你能够回答这个问题，那么你就可以明白为什么飞机会飞，为什么槭树的种子会随风传播，甚至可以部分了解原始人用的所谓飞旋标的奇怪运动的原理了，因为这一切都是属于同一种性质的现象。原来，正是那给枪弹和炮弹的飞行造成极大阻碍的空气，却使得槭树种子或纸鸢等轻巧的物体能够飘浮，同时还使得载了几十个乘客的沉重飞机也能够飞行。

为了解释纸鸢上升的原因，让我们来研究那一幅简图（图30）。设

*MN*线代表纸鸢的截面。当我们牵动纸鸢的线的时候，纸鸢便动起来，由于尾部的重量，就用倾斜的姿势移动着。现在，假定这个运动是从右向左的。让我们用*a*表示纸鸢平面跟水平线之间的倾斜角。现在来看一看在这个运动中的纸鸢上作用的有哪些力量。空气自然是应当阻碍它的行动的，它在纸鸢上施加一些压力。这个压力在图30上用箭头*OC*表示；因为空气总是依垂直的方向压向一个平面的，*OC*线也就画成跟*MN*垂直。这*OC*力可以分解成两个力，描出一个所谓力的平行四边形：结果*OC*力就分解成*OD*和*OP*两个分力。这个*OD*力要把纸鸢推向后面，因此就要减低它的原来速度；另一个力*OP*呢，却把纸鸢拉着向上；它把纸鸢的重量减轻，而且，假如这个力量相当大，就可以把纸鸢的重量全部抵消，使它升起。正是因为这样，当我们把线向前牵动的时候，纸鸢就会向上升起。

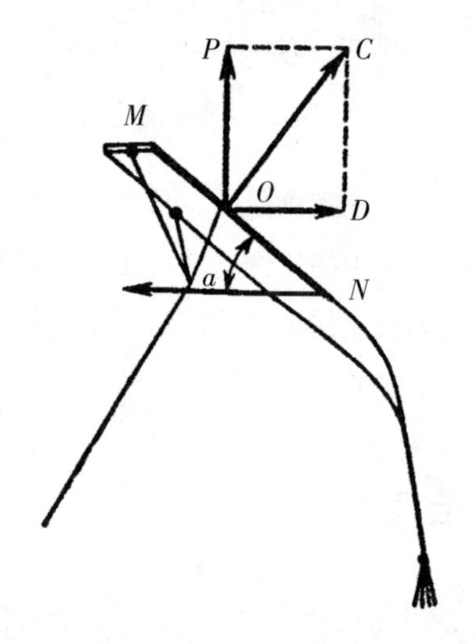

图30　纸鸢上作用的力量。

飞机这东西，其实也就跟纸鸢一样，不同的只是牵动纸鸢的线的人力，用飞机上的螺旋桨或者喷气发动机来代替了，螺旋桨或者喷气发动机使机身向前移动，结果就跟纸鸢一样，使它向上升起了。当然，这儿只是这个现象的一个极简单的解释；事实上，使得飞机升起的原因还有许多，这些原因将在另一节介绍[1]。

① 参阅《趣味物理学续编》“波浪和旋风”一节。

3.4 活的滑翔机

从上面一节可以知道，飞机的构造完全不是从模仿飞鸟得到的，像一般人所想象的那样，而应该说是从鼯鼠、鼯猴或者飞鱼模仿来的。不过上面所说的几种动物用它们的飞膜不是要向上升起，而只是为了要跳得远——照飞行上的术语来说，只是为了“滑翔下降”。对于它们，力量*OP*（图30）还不够跟它们的体重完全抵消；这个力量只能够减轻它们的体重，因此它们需要从比较高的地点做长距离的跳跃（图31）。例如，鼯鼠就能够从从树梢上跳到20~30米以外的另一株树的比较低的树枝上。在印度和斯里兰卡等地方，有一种特别大的鼯鼠，这种鼯鼠大约像家猫般大小：当它展开它的飞膜的时候，有半米阔。像这样大的飞膜，能够帮助这种动物跳50米这么远，尽管它的身体比较沉重。至于产在菲律宾群岛等地的鼯猴，甚至可以跳到70米远。

图31　鼯鼠会滑翔，它们能够从高处跳到20~30米远的地方。

3.5 植物的没有动力的飞行

许多植物也常要靠滑翔的作用散布它们的果实和种子。许多种果实和种子，有的长着成束的毛（例如蒲公英、婆罗门参和棉子，上面都有冠毛），它们的作用就跟降落伞相仿，有的幼芽保持平面的形状，能够在空中停留。这种植物滑翔机可以在针叶树、槭树、榆树、白桦树、白杨树、椴树和许多伞形科植物等上面看到。

在一部叫作《植物的生活》的书里，我们可以读到下面几段文字：

在没有风的晴天，许多果实和种子被垂直上升的空气流带到相当大的高度，但是在太阳没落以后，一般就又落回到不远的地方。这种飞翔的重要，并不只在于把植物散布得更广，而在于把它们移植到陡峭的斜坡和峭壁上突出的地方和缝隙上，因为它们的种子除此以外没有方法能够落到这种地方去，至于水平方向吹来的空气流，会把飘翔在空中的果实和种子带到极远的距离以外。

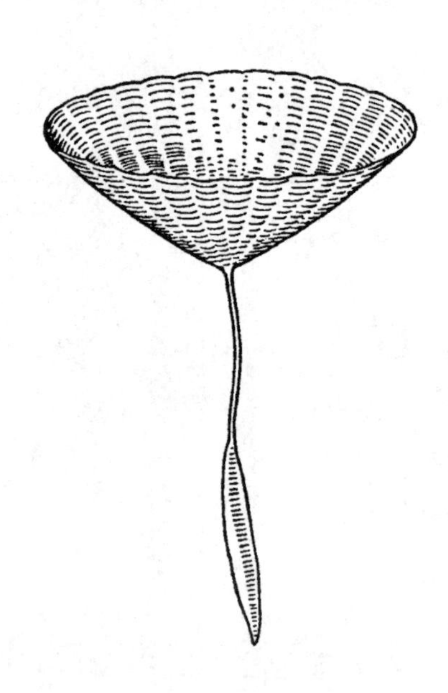

图32　婆罗门参的果实。

有些植物的“翅膀”或“降落伞”只在飞行的时候固着在种子身上。有些蓟类植物的种子可以在空气里自由自在地飘浮着，但是一碰到障碍，种子就会跟“降落伞”分离，落到地面上去。这个现象说明了为什么这种植物会时常沿着墙壁和篱笆生长。但是也有一些植物的种子，却是始终跟“降落伞”连在一起的。

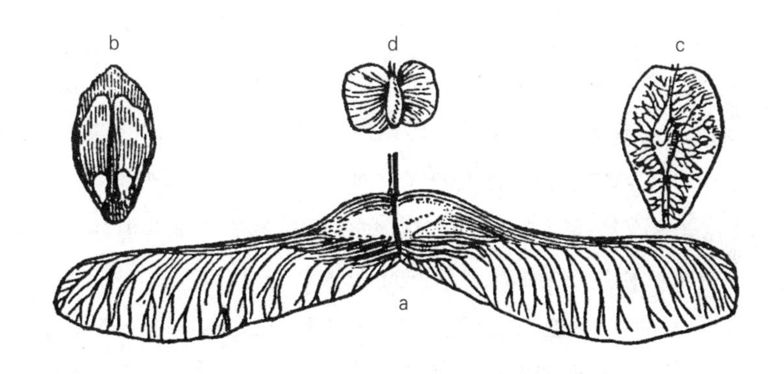

图33　带“降落伞”的植物种子——几种翅果：a.槭树种；b.松树种；c.榆树种，d.白桦种。

图32和图33表示几种有“滑翔装置”的植物种子。

植物的“滑翔装置”在许多方面甚至比人类的滑翔机还要完善。它们能够带着比本身重量重得多的物体一起升上去。此外，这种植物的“滑翔装置”还有一个特点，它们有自动的稳定装置，比方说你把素馨的种子倒转来让它落下来，它在空中会自动地倒转来把凸出的一面向下；假如这个种子在飞行的时候碰到障碍，它也不会失去平衡，也不会跌下，而只是缓和地向下降落。

3.6　迟缓跳伞

写到这里，不由想起那些不打开降落伞就从大约10千米高空跳下的跳伞家的英勇跳伞的情形。他们在向下落下了全程的绝大部分之后，才扯动伞环，因此，只有降落的最后几百米是展开了伞降下的。

许多人认为，不打开伞像石块似的直落下来，就跟在真空里落下一样。假如是这样的话，那么迟缓跳伞的降下时间会比实际所需要的少得多，而最后所达到的速度也会非常大。

但是，空气的阻力妨碍了速度的增加。跳伞员的身体在不打开伞降下时候的速度，只在跳下以后的最初十几秒钟的时间里面，落下最初几百米的一段路上是增加的。空气的阻力是跟着速度的增加而增加的，而且增加得非常显著，很快就使速度不能够再增加上去。因此，这种运动就从加速运动变成匀速运动了。

我们可以用计算的方法，从力学的观点上把迟缓跳伞的大概情形描绘出来。跳伞员在不打开伞落下的时候，加速度大约只在最初的12秒钟里是有的，也许还不到12秒钟，视人的体重而不同；在这十多秒钟里，跳伞员降下400~450米，产生了大约每秒50米的速度。以后的全部不打开伞降落的路上，便都是用这个速度匀速落下的了。

水滴落下的情形也大概是这样的，不同的只是水滴落下的第一段时间，就是速度仍旧在继续增加的时间，一共只有一秒钟，甚至还不到一秒钟。因此水滴的最后落下速度，如雨滴的落下速度，就不像迟缓跳伞的那么大。这个速度在每秒2~7米，视水滴的大小而不同[①]。

3.7 飞旋标

这是一种奇怪的武器，是原始人类技术上最完善的制品， 这东西曾经在极长的一段时期里使科学家感到迷惑，没法解释它的道理。这种飞旋标投出以后在空中划出的奇怪的路线，真的要难倒每一个人的（图34）。

现在呢，这个飞旋标的飞行理论已经十分详细地研究出来了，因此这种奇术也就不再认为是真的奇术了。在我们这本书里，对于这个现象做深入的研究是不可能的，我只打算告诉读者，这种飞旋标的不平常的飞行路线，是下面三个因素互相作用的结果：（1）原来投出的作用；（2）飞旋标的旋转；（3）空气的阻力。原始人会把这三个因素连在一起，他们会熟练地把飞旋标用适当的角度、力量和方向投掷出去，以便得到需要的结果。

① 雨滴的落下速度，在我著的《趣味力学》一书里有比较详细的说明。

图34　原始人怎样隐身在隐蔽物后面，使用飞旋标来猎取食物。图上的虚线表示飞旋标的行进路线（没有击中目标）。

其实，我们每个人经过训练也都能够学到这种技巧。

为了在室内练习方便，我们只好做一只纸的飞旋标来用。这东西可以用卡片纸按图35的形状剪出，每边长度大约5厘米，宽约1厘米。把这纸飞旋标夹在拇指和食指之间，如图35所示，用另外一只手的食指向它弹去，用力的方向是向前但是略略偏向上方。这纸飞旋标就会从你手里飞出，飞了大约5米，划出一道圆滑的、有时相当美妙的曲线，而且，假如室内没有东西阻碍的话，就会又落回到你的脚边。

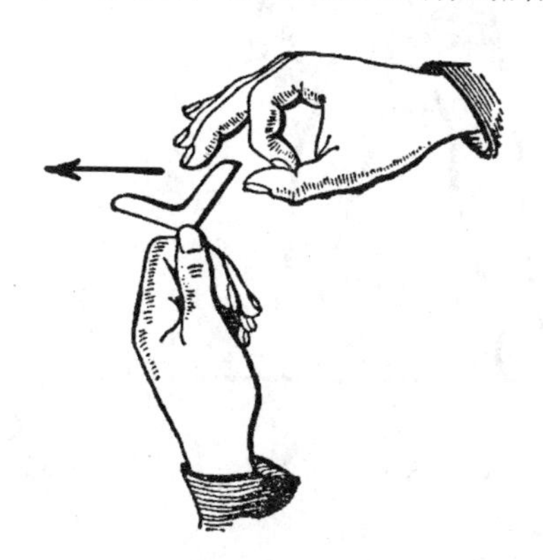

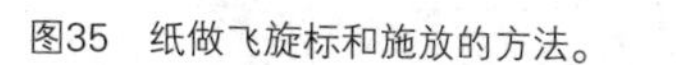

图35　纸做飞旋标和施放的方法。

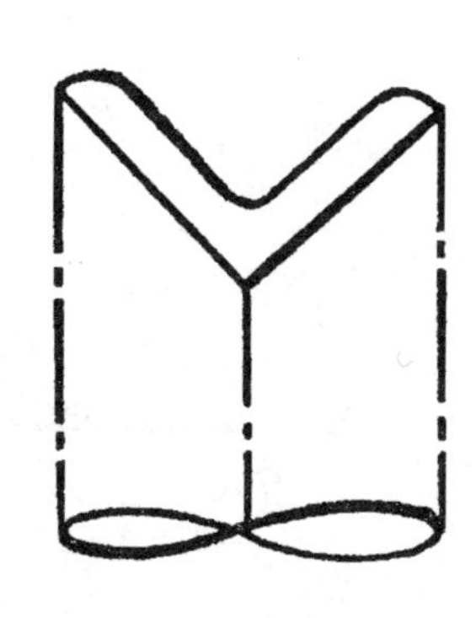

图36　纸做飞旋标的另一形状（实际大小）。

这种飞旋标如果按图36的实际大小和形状来做，那么，你的实验就会得到更好的效果。飞旋标最好略微扭曲成螺纹形（图36，下）。这样的飞旋标在做相当练习之后，会在空中转出复杂的曲线，然后又落回到你的脚边。

最后应当指出，这种飞旋标并不像通常想象的那样仅仅是澳洲土著民的工具。它在印度的很多地区也有应用。根据当地壁画的遗迹，这种飞旋标在某些时候是当地士兵的特殊武器（图37）。在古埃及和努比亚，飞旋标也同样很出名。当然，最独特的依旧是澳洲的飞旋标，它被扭曲成螺纹形状，这就是为什么它在划出一道令人费解的曲线之后，一旦脱靶，依然能够回到你脚边的原因。

图37　画着投掷飞旋标的士兵的古埃及图画。

4

Chapter

第四章
旋转运动·“永动机”

4.1 怎样辨别生蛋和熟蛋?

假如你一定要不敲碎蛋壳来判别一个蛋的生熟，你该怎么办呢?力学上的知识能够帮助你解决这个小困难。

这个问题的关键就在生蛋和熟蛋的旋转情形不一样。这一点就可以用来解决我们的问题。把要判别的蛋放到一只平底盘上，用两只手指把它旋转（图38）。这只蛋如果是煮熟的（特别是煮得很“老”的），那么它旋转起来就会比生蛋快得多，而且转得时间久。生蛋呢，却甚至转动不起来。而煮得“老”的熟蛋，旋转起来快得使你只看到一片白影，它甚至能够自动在它尖的一端上竖立起来。

这两个现象的原因是，熟透的蛋已经变成一个实心的整体，生蛋却因为它内部液态的蛋黄蛋白不能够立刻旋转起来，它的惯性作用就阻碍了蛋壳的旋转；蛋白和蛋黄在这里是起着“刹车”的作用。

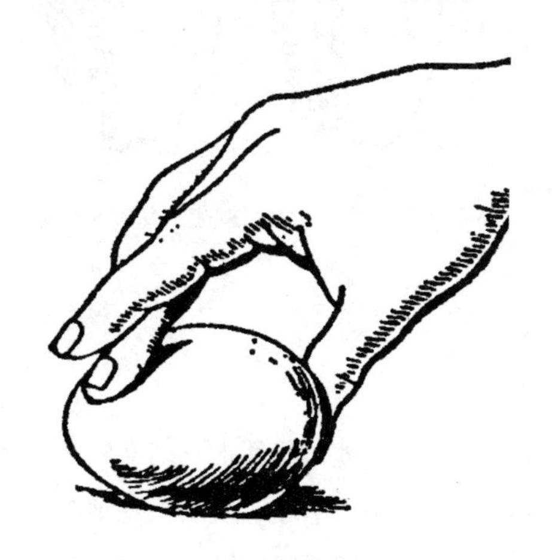

图38　怎样把蛋旋转。

生蛋和熟蛋在旋转停止的时候情形也不一样。一只旋转着的熟蛋，只要你用手一捏，就会立刻停止下来，但是生蛋虽然在你手碰到的时候停止了，如果你立刻把手放开，它还要继续略略转动。这仍旧是方才那个惯性作用在作怪，蛋壳虽然给阻止了，内部的蛋黄蛋白却仍旧在继续旋转；至于熟蛋，它里面的蛋黄蛋白是跟外面的蛋壳同时停止的。

这类实验，还可以用另外一种方法来进行。把生蛋和熟蛋各用橡皮圈沿它的“子午线”箍紧，各挂在一条同样的线上（图39）。把这两条线各扭转相同的次数以后，一同放开，你立刻就会看到生蛋跟熟蛋的区别：熟蛋在转回到它的原来位置以后，就因为惯性作用向反方向扭转过去，然后又退转回来，——这样扭转几次，每次的转数逐渐减低。但是生蛋却只来回扭转三四次，熟蛋没有停止它就早停下来了：这是因为生蛋的蛋白蛋黄妨碍了它的旋转运动的缘故。

图39　怎样把蛋挂起来判别它们的生熟。

4.2　“魔盘”

把一柄伞撑开，伞头着地，然后把它的柄转动起来，很容易使它很快地继续旋转。现在，试把一个小球或纸团丢到伞里去：那东西并不停留在伞上，却给抛了出来。这个把小球或纸团抛出来的力量，一般人常常不正确地叫它“离心力”，实际上这只是惯性的作用。小球或纸团并不是依半径的方向移动，而是向跟圆运动的路线相切的方向抛出去。

有些公园有一种“魔盘”的设备（图40），正是根据这个道理构造的。参加“魔盘”游戏的人，就有机会亲自感受惯性的作用。参加的人，随自己高兴，在那个大圆盘上站着也好，坐着也好，卧着也好。圆盘底下的一部电动机就会缓缓地依着圆盘的竖轴把它旋转起来。起初转得比较慢，后来越转越快。于是，因了惯性的作用，圆盘上的人便开始向它的边上滑去。这个滑动，起初还不大容易觉察，但是当这些“乘客”离开圆心越来越远，滑到了越来越大的圆周上，这个惯性的作用也就会越来越显著。最后，无论你花多少力气想继续停留在原地，也不可能了，终于你被从这个“魔盘”上抛了出去。

图40　“魔盘”。旋转圆盘上的人由于惯性作用，被抛向盘外。

我们的地球事实上也是同样性质的一个“魔盘”，只不过尺寸大得多罢了。地球虽然没有把我们抛出去，但是至少它减轻了我们的体重。因此，譬如说，在赤道上的人（赤道是地球上转速最大的地方）的体重由于这个原因所减轻的，竟达到原来体重的$\frac{1}{300}$。假如把影响体重的别的因素也计算在内，赤道上人体体重一共要减少0.5%（就是$\frac{1}{200}$），因此，一个成年人在赤道上的体重，要比在两极上的时候减少大约300克。

4.3　墨水滴画成的旋风

拿一块光滑的白色硬纸板剪成圆形，中间插一根削尖了的火柴梗，就可以做成一具陀螺，像图41左边所画的是它的实际大小。要使这个陀螺旋转，并不需要特别的技巧，只要把火柴梗的上部夹在大拇指和食指之间，把它拧转以后，很快丢到平滑的面上，就可以了。

图41　墨水滴在旋转的圆纸片上流散的情形。

现在，你可以利用这个陀螺，做一个很有意义的实验。在使它旋转之前，在那圆纸片上先滴几小滴墨水。接着，不等墨水干燥，立刻把陀螺拧转。等它停下来以后，再看看那些墨水滴：每一滴墨水已经画成一条螺旋线，而这些墨水滴画出的螺旋线合起来看，就像旋风的模样。

像旋风的模样倒并不是偶然的。你知道这圆纸片上的螺旋线表示了些什么吗？这其实是墨水滴移动的轨迹。每一滴墨水在旋转的时候受到的作用，跟坐在“魔盘”上的人受到的完全一样。这些墨水滴在离心作用下离开了中心向边上移动，在边上纸片的转速比墨水滴本身的要大了许多。

在这些地方，这圆纸片仿佛从墨水滴底下悄悄地溜了过去，跑到了它们的前面。结果每一滴墨水仿佛都落到了圆纸片的后面，退到它的半径后面似的。它的路线正因了这个缘故才显出弯曲的形状——使我们在纸片上看到了曲线运动的轨迹。

从高气压地方向外流动的空气流（就是所谓“反气旋”）或流向低气压的空气流（就是所谓“气旋”）所受到的作用也完全相同。因此，墨水滴画成的螺旋纹实在可以说是真正旋风的缩影。

4.4 受骗的植物

物体很快旋转的时候，所产生的离心作用可以达到极大的数值，这个数值竟能够超过重力的作用。下面就是一个有趣的实验，可以使你认识一只普通车轮旋转时候所产生的“甩开力”究竟有多大。我们都知道，一株新生植物的茎总是向重力作用的相反方向生出的，换句话说，总是向上生长的。但是，假如让种子在很快旋转的车轮上生长发芽的话，那么你就可以看见非常奇怪的现象：根会生向轮外，而茎却顺着半径方向朝轮子的中心生出（图42）。

我们好像把植物欺骗了：把影响它的重力作用，用另外一个从轮心向外作用的力量来代替了。因为茎总是向重力相反方向生长的，因此，在这个情形下它就沿着从轮缘到轮轴的方向向轮心生长。我们的人造重力比自然重力更大①，因此，这株幼苗就在它的作用下面生长了。

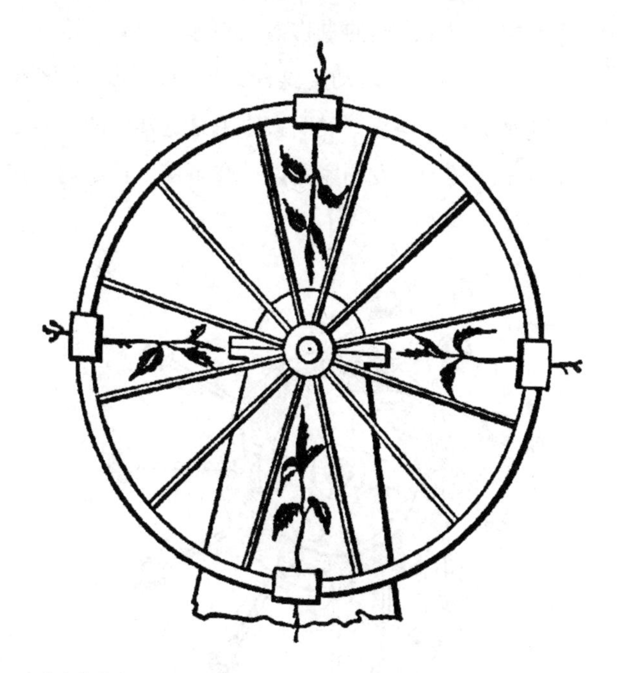

图42　种在旋转车轮上的豆种，它的生长情形：豆茎向轮心生，根却生向外面。

① 从引力的性质来看，这两种力量是没有本质区别的。

4.5 “永动机”

关于“永动机”和“永恒运动”，无论是它们的直接的意义或者引申的意义，大家已经谈得很久了，但是，并不见得每一个人能够真正认识这些话所含的意义。永动机是想象中的一种机械，它能够不停地自动运动，而且，还能够做某种有用的功（例如举起重物等）。这样的机械虽然早就有许多人不断地想制造，却到现在还没有人能够制造成功。许多人的尝试都失败了，这使人们肯定地相信永动机是不可能制造的，并且从这一点确立了能量守恒的定律——这是现代科学上的基本定律。至于所谓“永恒运动”，说的是一种不做什么功的不停运动的现象。

图43画的就是一种设想的自动机械——这是永动机的最古老的一种设计，这个设计到现在还有永动机的幻想者在复制出来。在一只轮子的边缘上，装着活动的短杆，短杆的一端装着一个重物。无论轮子的位置怎样，轮子右面的各个重物一定比左面的重物离轮心远，因此，这一边（右边）的重物总要向下压，就使轮子转动。这样，这只轮子就应该永远转动下去，至少要转到轮轴磨坏才停止。发明家原来是这样想的。但是，真正造出来以后，它却并不会转动。发明家的设计在事实上行不通，这又是为什么呢?

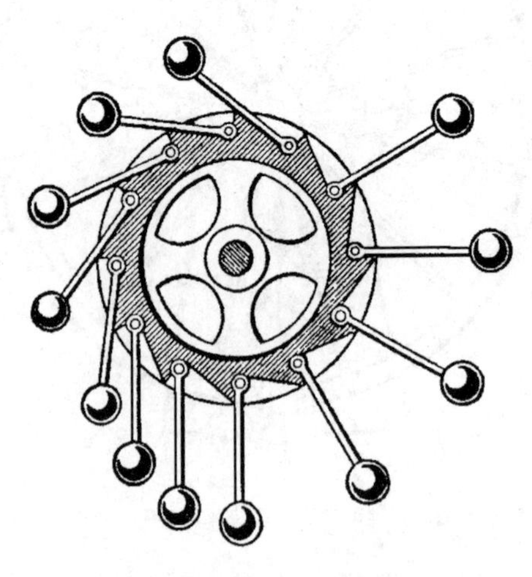

图43　中世纪时代设想的永动轮。

原因是这样的：虽然轮子右面的各个重物离轮心总比较远，但是这些重物的个数总比左边的少。请看图43：右边一共只有四个重物，但左边却有八个之多。结果轮子就保持平衡状态，于是轮子自然也就不会转动，只在摇摆几下之后，停到像图上所画的位置上[①]。

现在已经肯定地证明，能够永远自动运动（特别是在运动的时候还要做出功来）的机械，是不可能构造出来的，因此，如果有谁正在向这方面努力，那会是一种毫无希望的劳动。在从前，特别是中世纪，人们为了研究和解决这个“永动机”（拉丁名字叫*perpetuum mobile*）的构造问题，白白花了不知道多少时间和劳力。在那个时候，发明永动机甚至比用贱金属炼黄金更叫人入迷。

普希金的作品《骑士时代的几个场面》里，就曾经描写过一位名叫别尔托尔德的这类幻想家：

“什么叫作*perpetuum mobile*？”马尔丁问。

“*perpetuum mobile*，”别尔托尔德回答他说，“就是永恒的运动。只要我能够想法得到永恒的运动，那么我就将没法望到人类创造的边缘……你可知道，我亲爱的马尔丁！炼制黄金自然是一件动人的工作，这方面的发现可能也是有趣而且有利的，但是，如果得到了*perpetuum mobile*……啊！……”

人们曾经想出几百种“永动机”，但是这些永动机没有一架曾经转动过。每一个发明家，就像我们所举的例子里那样，在设计的时候总有某一方面给忽略了，这就破坏了整个设计。

这儿是另外一种想象的永动机：一只圆轮，里面装着可以自由滚动的沉重的钢球（图44）。这位发明家的想法是，轮子一边的钢球，总比另外一边的离轮心远，因此，在它们的重量作用之下，一定要使轮子旋转不息。

① 这儿要应用到所谓“力矩定律”。

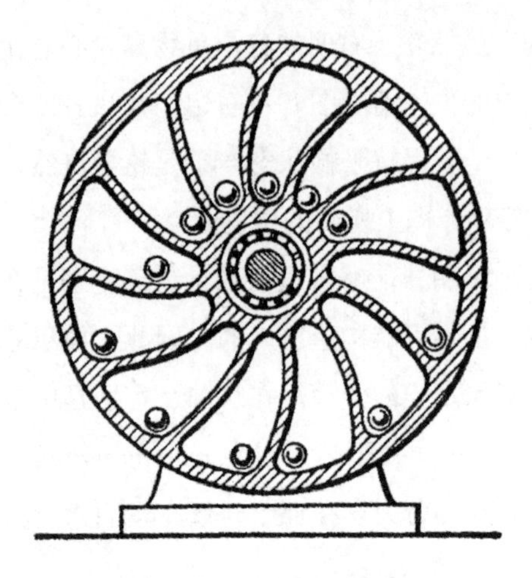

图44 装有自由滚动的钢球的永动机。

他的想法当然是不会实现的，原因跟图43所画的那个轮子一样。虽然这样，但是在广告狂的美国，却有一家咖啡店为了吸引顾客，特地设置了一只很大的这样的轮子（图45），当然，这只轮子看来虽然像真的是由于沉重钢球的滚动在旋转，但它实际上只是由一架隐蔽着的电动机来带动的。

这一类幻想的永动机的模型还有许多，有一个时期曾经被装在钟表店的橱窗里，用来吸引顾客注意：这些模型都是暗地里受到电力的作用才旋转的。

有一架广告用的“永动机”给我添了许多麻烦。我的工人学生们，看到了这个东西之后，对于我苦口婆心说明的永动机不可能制造的一切证明都怀疑起来。那架“永动机”上的球儿，滚来滚去地，果然在转动着那只轮子，而且还被这只轮子举高起来，这比各种证明更有说服力；他们不肯相信这架“永动机”只是受到发电厂送来的电流作用才转动的。幸好那时候电厂在例假日都停止送电，这才使我有机会解决这个问题。我告诉学生在例假日再去看看，他们照样做了。

“怎么样，看到那‘永动机’了吗？”我问。

“没有，”那些学生红着脸回答说，“我们看不见它：它被报纸遮住了……”能量守恒定律终于又得到了那些学生的信任，而且再也不会失去这个信任了。

图45　美国洛杉矶市的假想的永动机（广告）。

4.6　“发脾气”

许多俄国自学成才的发明家也曾经努力寻求解决“永动机”这个谜样的问题，花了不少的心血。有一位西伯利亚人，名叫谢格洛夫的，后来被谢得林用“小市民普列森托夫”的名字描写在《现代牧歌》那篇小说里。谢得林把他访问这位发明家的情形写成这样：

小市民普列森托夫年纪大约三十五岁，身材瘦削，面色苍白，有一对深思的大眼睛，长发直披到后颈。他的草舍相当大，但是足足有半间被一个巨大的飞轮占据了，使得我们这些人只能够局促地挤在那里。这个大轮子不是实心的，中间有许多轮辐。轮缘用薄木板钉成，内部是空心的，跟一只箱子一样，这中空的轮缘有相当大的容积。在这中空部分，装置着全部机械，就是发明家的全部秘密。当然，这个秘密并不特别精明，它只像一些装满沙土的袋，用来维持平衡。有一根木棒沿着一条轮辐穿过，使轮子静止不动。

“我们听说您把永恒运动的定律应用到实际上了是不是？”我开始说。

“不知道怎么说好，”他涨红着脸回答，“好像是的……”

“可以参观一下吗？”

“欢迎得很！真荣幸……”

他把我们引到那轮子旁边，然后带我们绕轮子四周走了一圈。我们发现，这个轮子前后都是一样的。

“会转吗？”

“好像，应该是会转的。就是要发脾气……”

“可以把那根木棒拿下来吗？”

普列森托夫拿下了那根木棒，可是轮子并没有动起来。

“还在发脾气！”他重复说，“要推它一下才成。”

他用两只手抱住轮缘，几次把它上下摇动，最后，尽力摇了一下，放开了手。——轮子转起来了。最初几转转得果然相当快而且很匀，——只听到轮缘里面的沙袋落到横挡上或者从横挡上抛开去的声音；以后这轮子就转得慢下来了；木轴上也吱咯吱咯地响起来，最后，轮子完全停了下来。

“一定又在发脾气了！”发明家涨红着脸解释道，于是又跑去摇动那只大轮子。

但是这一次还是跟方才那一次的情形一样。

“会不会是忘记把摩擦作用计算在内了？”“摩擦作用计算在内的……摩擦算什么？这不是摩擦的问题，而是……有时候这轮子仿佛高兴起来，可是后来又忽然……发脾气，倔强起来——这就又完了。假如这只轮子是用真正的材料做的那就好了，可是，你看，只是些东拼西凑来的板。”

当然，这儿问题并不在“发脾气”，也并不在没有使用“真正的材料”，而是在于这架机械的基本思想是不正确的。轮子虽然旋转了几转，但是这只是因为发明家推动才转的，等到外加的能量被摩擦消耗完了，就不可避免地要停止下来。

4.7 蓄能器

对于永恒运动，如果只从外表上观察，很容易发生极大的错误认识。这一点，可以用所谓“蓄能器”来做一个最好的说明。1920年有一位发明家创造了新型风力发电站，装着一种便宜的“惯性”蓄能器，这种惯性蓄能器有跟飞轮相像的构造。这是一块大圆盘，能够在滚珠轴承上绕着竖轴旋转，圆盘装在一只壳子里面，壳子里抽去了空气。只要你想法使它转到每分钟20,000转的高速度，这个圆盘就会在连续十五昼夜里不停地转着！如果粗心的观察的人只看到圆盘的竖轴没有外面能量加进去也会不停地旋转，那么他真会认为永恒运动已经实现了。

4.8 “见怪不怪”

许多人迷恋在“永动机”的创造里面，得到了非常悲惨的结局。我知道有一位工人，为了试制一架“永动机”的模型，用完了他的收入和全部积蓄，最后变成了一贫如洗。他成了那不可实现的幻想的牺牲者。但是他虽然衣衫褴褛，整天饿着肚子，却仍旧向人家要求帮助他去制造已经是“一定会动”的“最后模型”。说起来是很沉痛的，这个人所以失掉了一切，完全是因为对于物理学基本知识知道得还不够。

有趣的是，找寻“永动机”固然是永远没有结果的，反过来，对于这个不可能的事情的深入了解，却时常会引出许多很好的发现。

16世纪末至17世纪初，荷兰著名学者斯台文发现了斜面上力量平衡的定律，他发现这个定律的方法，正可以作上面一段话的最好说明。这位数学家应该享受比他享受到的更大的名声，因为他有许多重大的贡献是我们现在还继续利用的：他发明了小数，在代数学里最早应用了指数，发现了流体静力学定律，这定律后来又被帕斯卡重新发现。

他发现这个斜面上力量平衡定律，并没有用到力的平行四边形法则，就只是靠这儿复制出来的那幅图（图46）。在一个三棱体上架着一串球，球一共14个，都是一样大小的。这一串球会怎么样呢？那下面挂下来的部分，不成问题，是会自己平衡的，但是还有上面的两部分，会不会平衡呢？换句话说，右边的两个球跟左边的四个球会不会平衡？当然会的，如果说不会，那么这串球就会自动不停地从右向左移动，因为一个球滑下以后就有另一个球来补充，平衡也就永远不可能得到了。但是，我们既然知道这样架着的一串球完全不会自己移动，那么，右边的两个球就自然跟左边的四个球平衡。你看，初看这好像是一件怪事：两个球的拉力竟跟四个球的相等。

从这个看似奇怪的现象，斯台文发现了力学上一个重要的定律。他

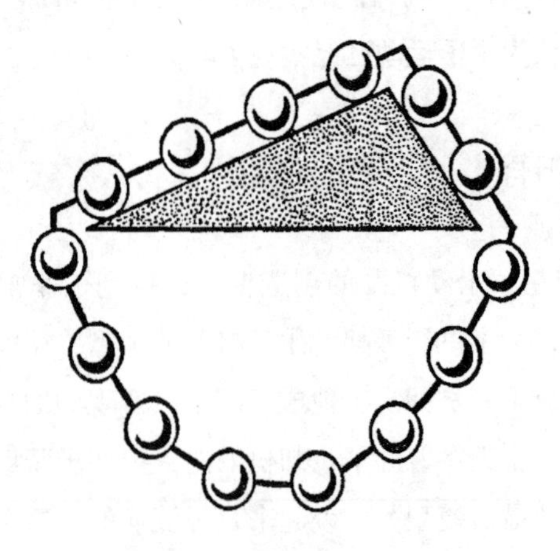

图46　“见怪不怪”。

是这样来思考的：这一串球的两段——一段长一段短——重量不相等：长的一段跟短的一段重量的比值，恰好是斜面长的一边跟短的一边长度的比值。从这里得出一个结论，就是用绳连在一起的两个重物搁在两个斜面上，只要两个重物的重量跟这两个斜面的长度成正比，它们就可以保持平衡。

有时候两个斜面里短的一个恰好是竖直的，于是我们就得到力学上的一个有名定律：要维持斜面上的一个物体不动，一定要在竖直面的方向上加一个力量，这个力量跟物体重量的比等于这个斜面的高度跟它的长度的比。

这样，从“永动机”不可能存在这一个思想出发，竟完成了力学上的一个重要发现。

4.9 仍然关于“永动机”

在图47中你可以看到一条很重的锁链被套在几个轮子上。右面的一半显然要比左面的一半长。发明家们据此认为，它会失去平衡，右面的一半会不断下坠，使得整个锁链转动起来。是这样的吗？

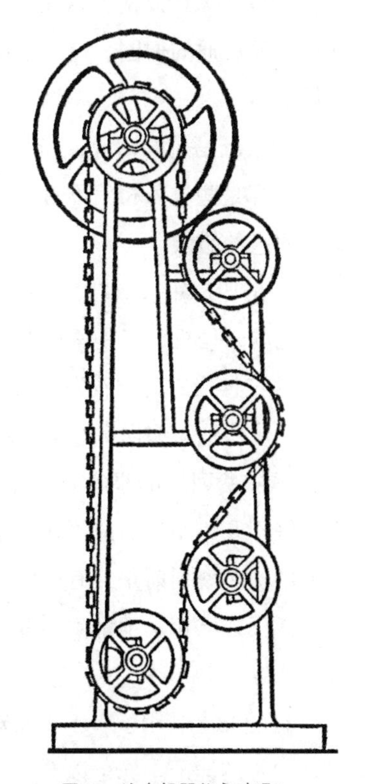

图47　这台机器能永动吗？

当然不是。我们可以看到因为右边锁链的重力从不同的角度被分解开来，这条锁链可以轻易地保持平衡。观察这个机械可以看到锁链的左半部分是垂直的，而右半部分是倾斜的，因此右半部分尽管更重，却不会拉动左边旋转。期望中的永动机依然并没有得到。

还应提到，还有某些“更聪明”的永动机的发明者曾在巴黎举行的展览会上展出了自己的作品。机器由一个大轮子和在轮子里滚动的球组成。发明家保证说，没有人能够使轮子的运动停下来。访问者们一个接一个地试图使它停住，但是它很快又重新转动起来。没有人能够猜得到，正是因为访问者们试图将它停下才导致了轮子的转动：正是他们自己给了藏在轮子里的球以动力，把轮子向前推动的。

4.10 彼得一世时代的永动机

现存的另一个关于永动机的活生生的记录是由彼得一世留下的。他在1715~1722年间在德国获得了一台由一个叫作奥尔费列斯的教授发明的永动机。这个发明家在德国因为自己的“永动的轮子”而声名远扬。他想以大价钱将这部机器卖给俄国沙皇。图书馆员舒马赫当时被彼得一世派往西方收集奇珍异宝，于是他便把与他谈判的奥尔费列斯的要求转达给沙皇。

“发明家最新的要求是：一方支付10,000耶费马克（一种16～17世纪在俄罗斯流通的德国、荷兰银币，1耶费马克约等于1卢布），另一方立刻提供机器”。

而按舒马赫的话说，当时发明家本人保证：机器是绝对可靠的，即便世界上都是些过分相信不可能的恶人，即便他们是出于恶意，也没有人能够证明它的错误。

于是1925年1月彼得一世准备出访德国，以便亲自看看这台被人们广泛谈论的永动机，但是死亡阻碍了这位沙皇实现自己的心愿。

这位神秘的奥尔费列斯教授究竟是谁？这台有名的机器究竟是什么？我将一步步地为您揭开这个谜底。

奥尔费列斯的真实姓氏是巴斯勒，他1680年出生于德国，研究过神学、医学和绘画，而最终从事了永动机的发明工作。在数以千计的这类发明家中奥尔费列斯是最有名的，也是最成功的一个。直到生命的最后一天（他死于1745年）他都生活在幸福与满足中。通过展览他的机器，他收入颇丰。

在图48上借用了一本古书对奥尔费列斯的机器的描绘。这是那台永动机1714年的样子。你可以看到一个巨大的轮子。它好像不仅仅是自己在转

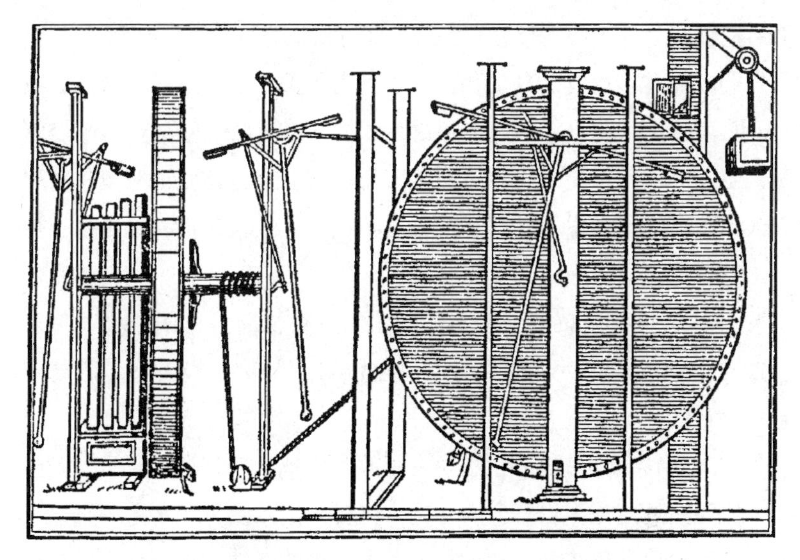

图48　这就是彼得大帝一生也没能得到的由奥尔费列斯制造的
“可以自己转动的轮子”（源自一张古画）。

动，还将一些重物举到了相当高的位置。

关于这个“奇迹般的发明”的流言自这位教授把它放在市场上展示的一刻起就很快在德国流传开来。奥尔费列斯也借此很快获得了强大的靠山。波兰国王对他很感兴趣。黑森-卡塞尔州（现为德国的一个州）的伯爵甚至把自己的城堡赐给发明家，极力为发明家对机器进行试验提供方便。

就这样，在1717年12月12日，一台与实验所在的房间连在一起的永动机做成了。此后房间就被用锁锁住，由两个近卫侍卫把守。14天里没有任何人能够靠近这间转动着神秘轮子的屋子。直到12月26日禁令才被解除，伯爵带着侍员走进了这间屋子。而他们看到的是：轮子依旧“毫不见慢”地旋转着……即便停下了这台机器，但只要仔细观察，便会发现它又运动了起来。之后的40天里房子又处于封闭状态，由近卫侍卫继续把守。到了1718年1月4日，禁令再次被打开，监察委员会在检查时发现轮子竟然还在转动！

伯爵对此感到非常满意。而这之后，第三次测试也完成了：机器又被封闭了整整两个月，而不管怎样，禁令期过后，它依然转动如初！

发明家据此在欣喜若狂的伯爵这里获得了关于永动机发明权的官方证明。证明写道：永动机每分钟转50圈，可以将16千克的重物提起到1.5米的高度，还能够带动锻造风箱和打磨机床的运转。靠着这张证明奥尔费列斯周游欧洲。也许，如果不是同意把机器转让给了彼得一世，他可以获得不少于100,000卢布的收入。

关于奥尔费列斯教授的惊人发明的消息很快跨过德国边境，传遍欧洲，直到传到彼得一世耳中，激起了这位对“罕物”极度贪恋的沙皇的兴趣。

其实早在1715年彼得一世出访外国时，“奥尔费列斯的轮子”就已经引起了他的注意。他委派著名的外交大臣奥斯捷尔曼进一步地了解这个发明的情况。然后又很快寄发了关于求购永动机的详细文件，尽管这台机器他本人还从未见过。彼得一世甚至邀请奥尔费列斯本人以“杰出发明家”的身份到他身边效力，并委派当时著名的哲学家赫里斯基·沃尔夫（罗蒙诺索夫的老师）向他咨询意见。

这位“著名”的发明家在各地都受到了赞誉。全世界都给予他最高的恩宠。诗人们甚至为他撰写颂歌以纪念他神奇的“轮子”。但是，已经有些不满者开始对这个精妙的骗局产生怀疑。有勇气的人站了出来，公开指责奥尔费列斯的欺骗行为，并悬赏1000马克奖励能够揭露骗局的人。从一篇以揭露为目的的抨击文中我们摘引了一幅画（图49）。按照揭露者的说法，永动机的秘密仅仅在于：在机器背后巧妙地藏着一个人拉动着绳索。这条绳索从柱子里一个观察者不易察觉的地方，绕在了轮子的轴的某个部位。

这个精妙的骗局的揭穿其实是很偶然的。仅仅是因为这位教授和自己的妻子吵了一架，而之前又恰好曾把秘密告诉过她。如果这件事情不曾发生，我们也许直到现在还在因为对这一“奇迹”感到不解而处在争议的喧嚣中。原来，所谓永动机是靠藏着的人用隐蔽的细线拉动而转起来的。藏在后面的人就是发明家的兄弟和他的仆人。

被揭穿的发明家没有得逞，尽管他直到死还固执地宣称他的妻子和仆人是出于怨恨才故意这样做的。但是人们对他的信任已经不复存在。他徒劳地向彼得一世的使臣——舒马赫强调着人们的恶意诽谤，以为“全世界都是些过分相信不可能的恶人”。

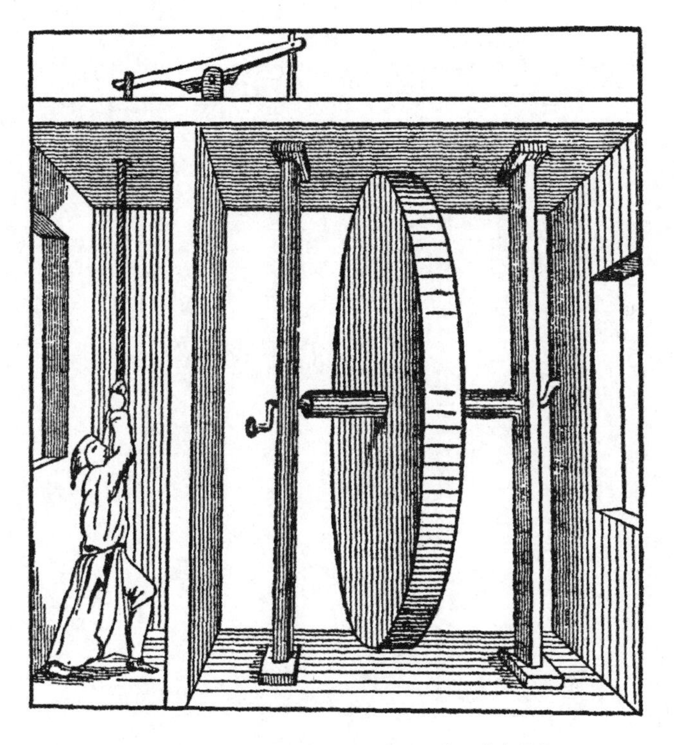

图49　奥尔费列斯“自转轮”的秘密（源自一张古画）。

在彼得一世时代在德国还有一台非常闻名的永动机。这台机器是一个叫作格特聂耳的人的杰作。舒马赫关于这台机器如此记录到：“我曾在德累斯顿见过格特聂耳先生的‘*Perpetuum mobile*’机器草图。这是一个用沙子填满的，有着磨刀石形状的机器。它前前后后地自己运动着，但是——照发明家先生的话说——幅度不能太大。无疑，这个东西也不能达到“永动”的目的，而最多只是一个煞费心机巧妙隐藏着什么的机器，而绝不是什么永动机。舒马赫写给彼得一世的话是完全正确的：“英国和法国的学者们才不管那些机器被吹得多么天花乱坠，他们知道那些机器一定是违反数学规律的。”

第五章

液体和气体的性质

5.1 两把咖啡壶的题目

在你面前（图50）是两把同样粗的咖啡壶：一把比较高，另一把比较低。哪一把能够盛得更多些呢？

图50 哪一把壶里能够盛更多的液体。

许多人一定不假思索地说，高的那把要比低的盛得更多些。但是，假如你把液体倒到高壶里去，只能够把液体盛到壶嘴的水平面，再多就要溢出来了。现在两把壶的壶嘴是一样高的，因此低壶能够盛的液体量，跟高壶完全相同。

这道理非常简单：咖啡壶和壶嘴就像一具连通器，虽说壶里的液体要比壶嘴里的液体重得多，但是里面的液面还是应该在相同的水平面上。假如壶嘴太低的话，那么你就不可能把壶注满，因为液体会从壶嘴溢出去。一般说来，各种水壶的壶嘴都要做到比壶顶略高，使它即使在略略倾斜的时候也不会泻出。

5.2 古人不知道的事情

现代的罗马居民到今天还在使用着古人所修造的水道：古代罗马的奴隶把水道修造得真是坚固。

关于领导这个工程的罗马工程师的知识却不能这样说：很明显，他们对于物理学的基本知识还很不够。请看从古书复制出来的图51。你看，罗马的水道不是装在地下，而是装在地上，高高架设在石柱上的。他们为什么要这样做呢？难道像现在这样用管子埋到地下去不更省事吗？当然更省

图51　古代罗马水道建设的原来情形。

事，但是那时候的罗马工程师对于连通器的原理只有极模糊的认识。他们恐怕用长管子连接起来的各个水池里，水面会不在同一水平面上。假如把管子沿着高低不平的地面埋下去，那么在有的地段上，管里的水就得向上流，——而古代的罗马人却怕水不会向上流。因此，他们一般常把全段水管装成平匀往下倾斜的（为了做到这一点，时常要使管子绕个大弯，或者要用高高的拱形支柱）。古代罗马的一条水道叫阿克瓦·马尔齐亚的，全长100千米，但是水道两端之间的直线距离，却只有这个数目的一半。只是因为不懂物理学的基本定律，竟多造了50千米长的石头工程！

5.3　液体会向……上压！

关于液体会向下加压力，压向容器的底部，会向侧面加压力，压向容器的壁，那即使没有学过物理学的人，也都知道得非常清楚。但是，液体还会向上加压力，这一点却有许多人没有想到。其实只要用一只普通煤油灯的灯罩，就可以帮助我们认识这种压力确实存在。用厚纸板剪一个圆片，要比灯罩口略大一些。把它覆在灯罩口上，倒转来放到水里去，如图52所示。为了使那圆纸片不会从灯罩上脱落，可以用条细线穿在圆纸片中心，通过灯罩引到上面来，用手拉着线，或者，也可以直接用手指在底下托着纸片。等到这个灯罩渐渐沉到水底下一定的深度，这个圆纸片就会自己留在灯罩口上，不必再用线拉住它或者用手指托住它：现在托着它的已经是容器里的水了，是水从下向上向圆纸片在加着压力了。

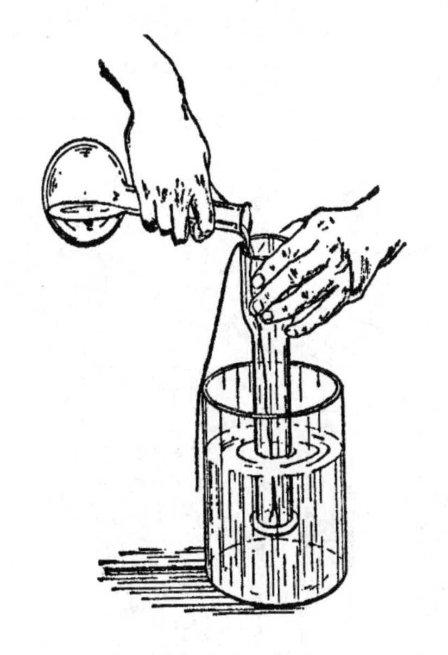

图52　一个简单的实验，用来证明液体从下向上加压力。

你甚至可以测出这个向上压力的大小。这很简单，只要小心地慢慢把水注到灯罩里去，等到灯罩里的水面接近灯罩外容器里的水面，这个圆纸片就会跌落下去。这就是说，纸片底下的液体向上所加的压力，恰好跟纸片上面那个水柱的下压力平衡了，这个水柱的高度等于纸片沉在水面以下的深度。这就是液体对于一切浸在液体里面的物体所作用的压力的定律。有名的阿基米德原理告诉我们的，物体在液体里重量的“损失”，也是从这里产生的。

如果找到几种罩口大小相同但是形状不同的灯罩，你就可以再做一次实验，来证明另外一个有关液体的定律，就是液体对于容器底部所加的压力，只跟底部面积和水面高度有关，却跟容器的形状无关。这可以这样来证明：按方才所说的实验方法用形状不同的灯罩来一次一次地做，每次把灯罩浸到一样深度（事先可以在灯罩的同样高度上用纸粘一条标志）。那么，你就可以看到，每次当灯罩里的水面达到了同样高度，那纸片就会跌落下去（图53）。这就是说，各种形状容器里的水柱，只要它们的底面积和高度相同，它们的压力也相同。请注意，这儿重要的只是高度而不是长度，因为比较长的、倾斜的水柱和比较短的、竖直的水柱，如果水面高度相等，它们对于器底的压力（在相等的底面积上）也完全相等。

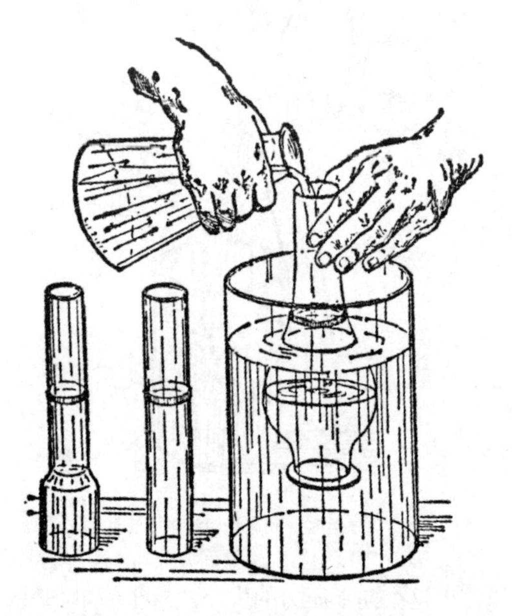

图53　液体对于容器底部所加的压力，只跟底部面积和水面高度有关。图上表示证明这个定律的方法。

5.4　哪一边比较重?

天平的一只盘上放着盛满清水的水桶。另一只盘上放一只一模一样的水桶，也同样盛满清水，只是水上浮着一块木块（图54）。天平的哪一边要向下落呢?

我曾经问过许多人这个问题，得到不同的答案。有些人说有木块的那一边一定向下落，因为“桶里除水之外还多了一块木块”。另外一些人却提出相反的意见，他们认为应该是没有木块的那一边落下去，“因为水比木块更重”。

图54　两只一模一样的桶，同样盛满清水，一只桶里水上浮着一块木块。哪一边比较重呢？

但是，这两种答案没有一种正确：两边应该是一样重的。在第二桶里，固然水要比第一桶里少一些，因为那块浮着的木块要排挤掉一些水。但是，根据浮体定律，一切浮起的物体，会用它浸在水里的部分排出跟这物体同重量的水。因此，两边的重量应该是相等的。

现在请你解答另外一个问题。我把半杯水放在天平的一只盘上，旁边还放一个小砝码。在另一只盘上加砝码使两边平衡。现在，我把杯子旁边那个砝码投进那杯水里。这架天平要起什么变化吗？

根据阿基米德原理，这个砝码在水里是要比在水外轻些的，这样说来，那只放着杯子的天平盘就应该向上升起了，但实际上呢，整个天平仍旧是保持平衡的，这又怎样解释呢？

原来砝码丢进杯里以后，排出了一部分的水，被排的水升高到原来的水面以上；因此增加了压向杯底的压力，这样杯底就受到了跟砝码所失重量相等的附加压力。

5.5　液体的天然形状

我们平常都认为液体没有一定固有的形状。这种想法其实是不正确的。所有液体的天然形状都是球形。可是一般因为有重力作用妨碍它保持这个形状，因此，如果它不是盛在容器里，就会变成薄层流散开去，如果盛在容器里就会变成跟容器一样的形状。一些液体如果停留在另一种比重相同的液体里，那么，按照阿基米德原理，它要“失去”它的重量：它就仿佛一点没有重量，重力对它不起一点作用，——那时候这个液体才显出了固有的天然的球形。橄榄油在水里会浮起，但是在酒精里却要沉落。因此可以用水和酒精混合成一种稀酒精液，使这油在这稀酒精液里既不沉落，也不浮起。用一支注射器把少许橄榄油注进这稀酒精液里，我们会看到一个奇怪的现象，这些油竟凝成一个很大的球形的油滴，既不沉落，也不浮起，而是静静地悬在那里（图55）①。

做这个实验的时候，一定要有耐心而且要仔细地动作，——否则的话，得到的会不是一滴大的，而是分散成比较小的几滴。当然，得到一些小油滴也还是很有趣味的。

可是，我们的实验还要继续做下去。把一根细长的木条或金属丝通过这个油滴的中心，把它旋转起来。这个油滴也会跟着旋转起来。（假如在做这个实验的时候，能够把一片渍油的硬纸小圆片装在旋转轴上，使它能够整个放在圆球里面的话，那么结果就会更加美满。）圆球受到旋转的影响，开始变扁，几秒钟以后，会甩出一个圆环来。这个圆环分裂成许多小滴，每一小滴都变成球形，继续绕中央油滴旋转（图56）。

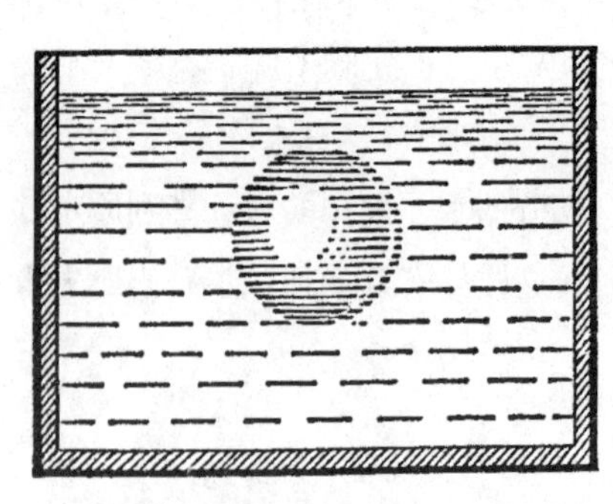

图55　在稀酒精液里的油滴：既不沉落，也不浮起（普拉图实验）。

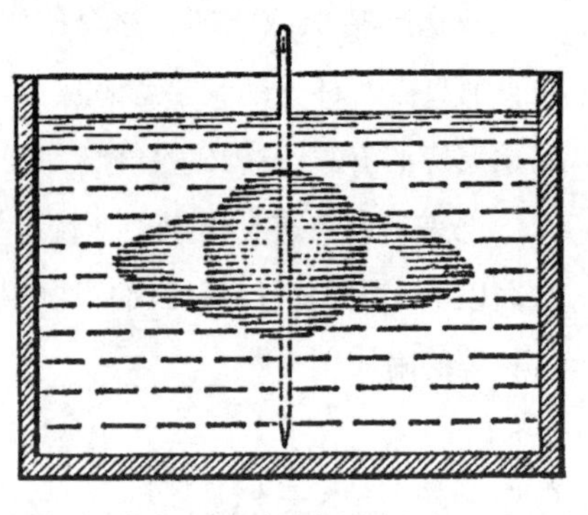

图56　假如一条细长条插进油滴中心，把油滴旋转，就会有一个油环分裂出来。

① 为了使油滴的球形不会歪曲，实验应该在有平壁的容器里进行。

这个有意思的实验，最早是比利时的一位物理学家普拉图做出的。我们现在说的就是普拉图的实验方法。但是，这个实验可以做得更加方便却同样有意思。这方法是这样的：

用清水把一只小玻璃杯冲洗干净，装上橄榄油，放到另外一只大玻璃杯的底上；然后仔细把酒精注到大玻璃杯里，使小杯整个浸在酒精里。然后，用一只汤匙小心地沿着大杯的杯壁添进一些水去。于是，小杯里的橄榄油面就逐渐向上凸起来；等到注进去的水已经相当多的时候，小杯里的橄榄油就完全从杯里升了起来，变成一个相当大的圆球，悬在酒精和水的混合液里（图57）。

图57　普拉图实验的简化

手头没有酒精的时候，这个实验可以用苯胺代橄榄油来做。苯胺是一种液体，平常温度时比水重，但是在75~85℃的时候却比水轻。因此，只要把水加热，就可以使苯胺悬在水里，这时候苯胺也呈球形。如果要在平常的温度里做这个实验，可以用食盐水代替清水，苯胺会悬在适当浓度的食盐水里①。

5.6　为什么铅弹是圆形的？

方才我们说过，一切液体，只要不受到重力作用，就会显出它的天然

① 也可以用对甲苯——一种暗红色的液体；对甲苯在24℃时的密度跟盐水的密度相仿，可以把对甲苯加到盐水里去。

形状——球形。假如我们回忆到前面说过的自由落下的物体没有重量这一点，并且假定在落下的最初瞬间，我们能够把空气的阻力忽略不计的话[①]，那么我们就会想象到，这个落下的液体一定也会是球形的。事实上，落下的雨滴的确是球形的。铅弹实际上就是冷凝了的熔融铅滴，它的制法也就是利用这一个道理，熔化的铅滴从高塔上落下来落到冷水里，凝固成正确的球形。

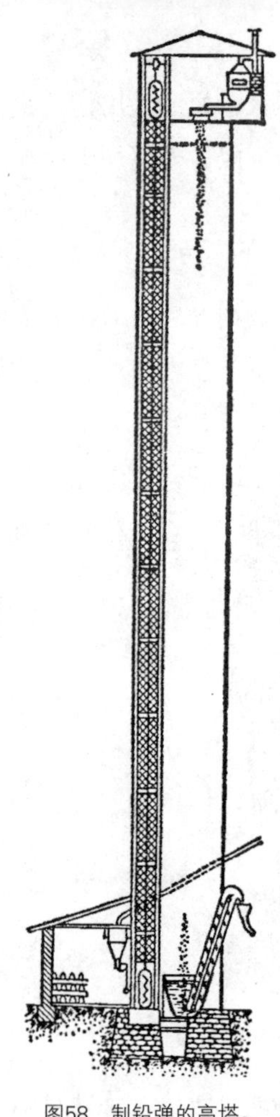

图58　制铅弹的高塔。

这样做成的铅弹，叫作“高塔法”铅弹，因为是从一座高塔的顶上落下来制造的（图58）。所谓高塔是一个45米高的金属建筑，顶上装着熔铅炉，在下面是一个大水槽。制成的铅弹要再经过拣选加工。溶解的铅液实际上还在落下的路上就已经凝固了，水槽不过是用来减轻落下时候的撞击，以免损坏它的球形。（直径超过6毫米的铅弹却是用另外一种方法造成——把金属丝切成小段，然后一段一段地碾压成球形。）

5.7　“没底”的酒杯

你已经把水注满到杯子的边上，杯子里完全装满了水。在杯子旁边有一些大头针。或许，杯子里还可能找得出一点点地方来安放一两枚大头针吧？试试看。

请你把大头针一枚一枚投进杯子里去，数着你投进去的数目。投大头针的时候要谨慎小心：要小心地把针尖放进水里，然后轻轻把手放开，不

① 雨滴落下的情形，只在落下的最初瞬间跟自由落下的物体相像，在落下开始以后第一秒的后半秒，它的落下已经变成匀速运动了，雨滴的重量和空气阻力相平衡，空气阻力随雨滴速度的增加而增大。

让其有一点震动，也不加一点压力。你默默地数着：1枚，2枚，3枚，已经有3枚落到杯子底上了，——可是水面并没有变动。10枚，20枚，30枚了，杯里的水并没有溢出。50枚，60枚，70枚……已经是整整100枚大头针丢在杯底了，可是杯里的水仍旧没有溢出一点来（图59）。

图59 奇怪的加针实验。

而且，还不只是没有水溢出来，甚至看不到水面有显著高出杯口的情形。再加多些大头针看看。200枚，300枚，400枚大头针已经沉到杯底了，可是，仍旧没有一滴水从杯口溢出来；只是现在已经可以看到水面比杯口略略高起一些了。原来，这个奇怪现象的解答正在水面高起这一点。玻璃只要略沾些油污，便很难沾水；在我们杯口的边上，也跟一切常用的器具一样，难免由于人手的接触留下一些油脂的痕迹。杯口的边上既然不会沾水，那么，给杯里的大头针所排出的水就只好形成一个高起的凸面。这个凸面的高出程度很不显著，这只要花一点时间算出一枚大头针的体积来，拿它跟这个高起部分的体积比较一下，就知道大头针的体积只有高起部分的体积的几百分之一，因此在这个装满水的杯子里才能找出容纳几百枚大头针的地方。用的杯子杯口越大，可以容纳的大头针也越多，因为杯口越大，高起部分的体积也越大。

要更清楚地了解这个问题，让我们做一个计算。一枚大头针大约25毫米长，0.5毫米粗。这样一个圆柱体的体积不难依照几何学上的公式（$\frac{\pi d^2 h}{4}$）算出，等于5立方毫米。再加上大头针的头，总体积大约不超过5.5立方毫米。

现在来算一算杯口上高起部分的体积，假定杯口直径是9厘米=90毫米。这样的圆面积大约等于6400平方毫米。如果我们把高起的水层的厚度算作1毫米，那么它的体积就是6400立方毫米，这就有大头针体积的1200倍。换句话说：一只装“满”水的杯子，竟可以容纳一千多枚大头针！而事实上，只要仔细地把针一枚一枚投进去，你的确能够把整千枚大头针投进杯里去，甚至这些大头针看起来已经满杯都是或者已经突出到杯口以外了，水却仍旧一点没有溢出来。

5.8 煤油的奇异特性

凡是用过煤油灯的人，大概都会有过这样一种经验：你把煤油灯装满煤油，然后把它的外壁擦得干干净净，但是过了一小时，你发现它的外壁又有煤油。

这个现象说明煤油的一种特性。原来你没有把煤油灯加油口的盖子旋紧，因此，很想沿着玻璃表面流开去的煤油，就爬到了容器的外壁上。如果你想避免煤油的这一种麻烦，那么就得把盖子尽可能旋紧[①]。

煤油这个“爬行”的特性，使得用煤油（或石油）做燃料的轮船感到非常头痛。在这种轮船上，假如不采取适当的措施，会完全不可能运载货物，除非是运煤油或石油；因为这种液体透过看不见的间隙“爬”出来以后，不但流遍了油箱的外面，并且会到处渗开去，甚至渗到乘客的衣服上。而对这种恶作剧斗争的许多尝试，却常常是没有效果的。

英国幽默作家詹罗姆在一篇开玩笑的中篇小说《三人同舟》里讲到煤油的一段描写，并没有过分夸大，他写道：

我不知道还有什么东西会比煤油更会向各方渗开的。我们是把它装在船头上的，它却从那儿偷偷地窜到船艄，一路上把所有的东西都染上它的气息。它渗透了船身接合的缝子，落进了水里，发散到空中，毒害了生命。有时候刮起了北面来的煤油风——这真是一种新奇的风；有时候是南面吹来的，有时候是东面或西面吹来的，但是不管它从哪一面吹到我们这儿来的，总是充满着煤油的气息。在黄昏的时候，这个气息减低了落日的

① 旋紧盖子之前，不要忘记看看容器里的煤油会不会装得太满了：因为煤油在受热的时候膨胀得厉害（温度增加100℃时，体积要增加原体积的十分之一），为了避免容器胀破，一定要预先留出一些给煤油膨胀的空隙。

奇观，而月光呢，也沉浸在煤油的气息里……我们把船系留在桥边，上岸到城里去走走——但是一阵可厌的气味始终追随着我们。仿佛整个城市都被这种气息渗透到了①。

煤油这种会布满容器外壁的特性，常常使一些人认为煤油会透过金属和玻璃，这种想法自然是不正确的。

5.9 不沉的铜圆

铜圆在水里不沉，不但童话里有这种事情，就在实际生活中也有。你只要做几个简单的实验，就会相信这句话了。让我们从最细小的物件——缝衣针——开始。要使一枚针浮在水面，看起来是不可能的事，但是实际上这件事情做起来并不怎么困难。把一张薄纸放到水面上，上面放一枚完全干燥的针。另外用一枚针或大头针把薄纸慢慢压到水里去，从纸边开始一步一步压到纸的中心；等到全张纸都湿透了，它就会自己沉没下去，而针却仍旧留在水面上（图60）。假如你有一块磁石，那么你甚至可以把磁石放在杯子外面水面的旁边来控制针在水面上浮动。

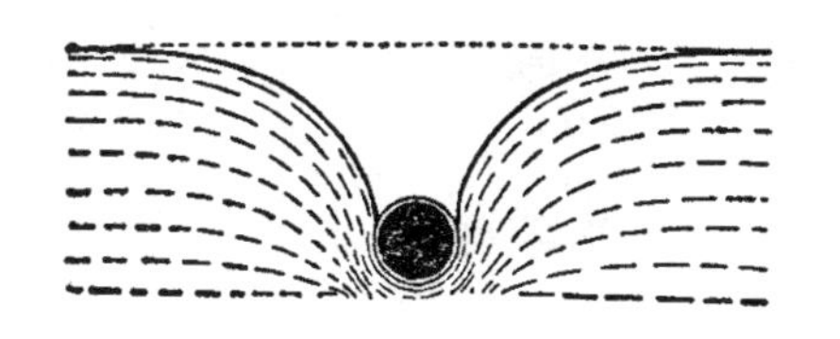

图60　浮在水面的针。上，针的切面（针粗2毫米）和水面凹下的实际形状（放大到实际大小的两倍）；下，利用薄纸使针浮在水面的方法。

在相当的练习以后，你竟可以不用薄纸就把针放在水面上：只要用两只手指抓着针的中部，在离水面不远的地方水平地放下

① 当然，实际上只是这几位旅客的衣服被渗透了煤油罢了。

就可以了。

你还可以用一枚大头针（不要比2毫米粗）、纽扣或者小巧的平面形的金属物件来代替缝衣针。等你这一些都已经会做而且熟练了之后，可以拿一枚铜圆去试试看。

这些金属物品所以能够浮在水面上，原因是这些东西在我们手里蒙上了一层极薄的油，使得它们不容易沾水。正是因为这个缘故，漂浮着针的水面四周，形成了一个凹下去的表面，这种表面凹下去的情形我们甚至能够看得出。液体（水）的表面薄膜一直在想恢复原有的平面，因此对针发生从下向上的压力，支撑针不会沉下去。此外，针所以没有沉下去，还受到液体排斥力的作用，因为，根据浮体定律：针所受到的从下向上的排斥力量（浮力），等于它所排开的水的重量。

使缝衣针漂浮的最简单的方法，是事先给它涂上一层油；这种针可以直接放到水面去也不会沉下。

5.10 筛子盛水

连用筛子盛水这样的事情也不只是在童话里才有。物理学的知识帮助了我们做到这件一般认为不可能的事情。拿一个金属丝编成的直径15厘米大小的筛子，筛孔不必太小（大约在1毫米上下），把筛网浸到融化的石蜡里。然后把筛子拿起，金属丝上就覆上一薄层人的眼睛几乎看不见的石蜡。

现在，筛子仍旧是筛子，——那儿有可以透过大头针的孔，——但是现在你已经能够用它来盛水了。在这种筛子里，可以盛相当高的水层，不会让水透过筛孔漏下来，只要你盛水的时候小心些，并且不要让筛子受到震动就可以了。

为什么水不会漏下去呢？因为水是不会把石蜡沾湿的。因此，在各筛孔里形成了向下凹的薄膜，正是这个薄膜支撑了水层不漏下去（图61）。

假如把这浸过石蜡的筛子放到水上去，那么它就会留在水面上。可见这筛子不但可以用来盛水，而且还能够在水面上浮起。

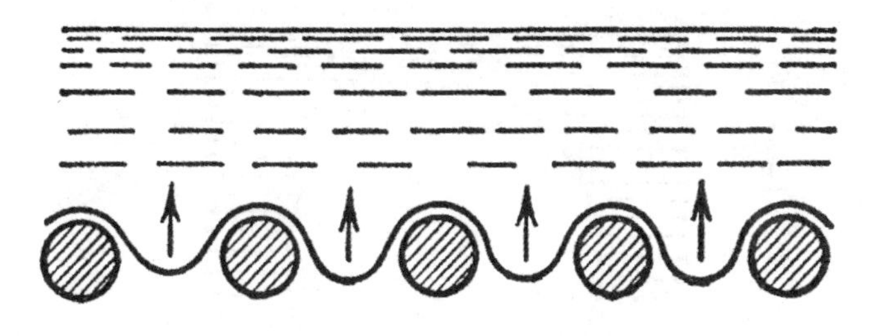

图61　为什么水不会从筛孔里漏下去?

这个看来好像奇怪的实验，解释了我们平日看惯了的却没有好好想过的许多最普通的现象。木桶和小艇上涂松脂，塞子和套管上抹油，以及所有我们想要做成不透水的物体上都涂上油漆之类，还有在织物上涂敷橡胶，——这一切，目的无非跟方才筛子浸石蜡一样。总的目的是一样的，不过在筛子的情形更具代表性罢了。

5.11　泡沫替技术服务

钢针和铜圆浮在水面的那个实验，跟矿冶工业上用来选出矿石里的有用矿物的方法很相像。选矿的方法有许多种，我们这儿讲的“浮沫选矿法”是最有效的一种。在别种方法不能够完成任务的时候，这个方法仍旧可以应用得相当成功。

浮沫选矿法的实际情形是这样的：把轧得很碎的矿石装到一只槽里，槽里盛水和油，这油有一种特性，能够在有用矿物的粒子外面包起一层薄膜，使粒子不沾水。通入空气把这混合物强烈搅动，就会产生许多极小的气泡——泡沫。包有薄油膜的有用矿物的粒子一跟空气泡的膜接触，就会连在气泡上，随着气泡升起，跟大气里的气球把吊篮升起一样（图62）。至于没有油膜的别种粒子，却不会附着到气泡上，就仍旧留在液体里。应该注意，空气泡的总体积要比那些有用矿物的粒子的总体积多许多，因此气泡是能够把这些固态的矿屑带到上面去的，结果，有用矿物的粒子几乎全部附着到泡沫上，浮到液体的表面来。把这层泡沫刮下来去继续处理，这里所含的有用矿物就比原始矿石所含的丰富几十倍。

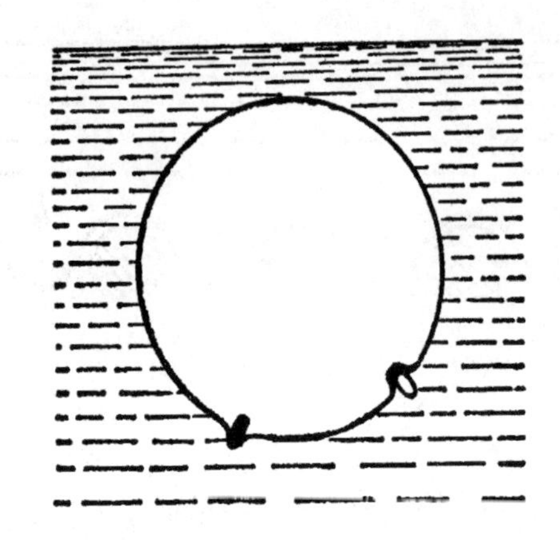

图62　浮沫选矿法的原理。

在今天，浮沫选矿法在技术上已经研究进步到很高的水平，只要选择适当的液体，就可以从随便什么成分的矿石里把每一种有用的矿物都提出来。

浮沫选矿法虽然在工业上已经有了广泛的应用，但是这个方法的物理作用方面，却还没有透彻明白。在这件事情上，实践走在理论的前面。浮沫选矿法不是从理论上产生的，而是从一件事实的仔细观察上产生的。以前，曾有人在洗濯装过黄铜矿的染满油污的麻袋的时候，发现黄铜矿的细屑跟着肥皂泡浮了起来。这件事情推动了浮沫选矿法的发展。

5.12　想象的“永动机”

许多书上谈到“永动机”的时候，时常把下面一种当作真正的“永动机”来描写（图63）：盛在一个容器里的油（或水），被灯芯吸到上面的一个容器里，然后经过另一批灯芯的作用，吸到更高的容器里，最上面这个容器有一个流出口，让油从这里流下去，冲在下面一个轮子的叶片上，使轮子转动。以后，流到底下一个容器里的油又被灯芯吸到最上面的容器里。于是，上面那个流出口就会不断有油流下来，不断地冲在轮子上，轮子也就会永远不停地旋转下去……

但是，假如描写这种转轮的作者们肯花一些工夫去把它制造出来，那么一定就会发现，不但这个轮子不会转动，甚至连一滴油都不可能升到最上面的那个容器里！

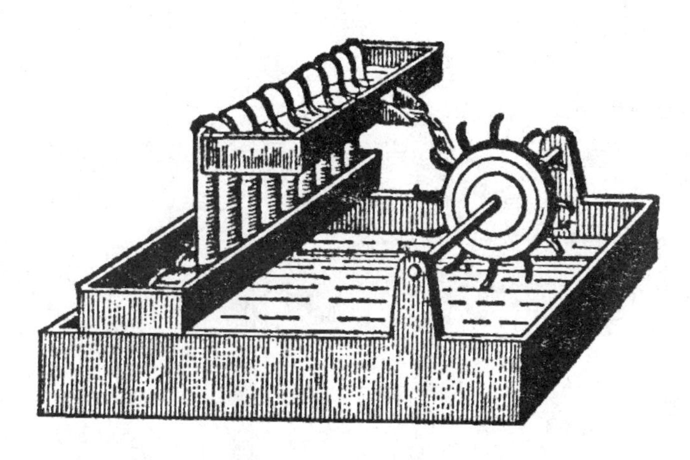

图63 不能够实现的转轮。

这样简单的道理，其实根本不必把轮子造出就可以明白。真的，为什么发明人认为液体吸到灯芯的曲折的地方以后要从上面向下流呢？既然毛细作用胜过了重力，使液体沿着灯芯上升，那么同样的原因就会支持这个液体，不让它从灯芯上流下来。退一步说，即使我们假定毛细作用果然能够把液体吸到上面的那个容器里，那么，方才那个把液体吸上来的灯芯，就又会把这液体送回到下面的容器里去。

这架想象的永动机使我想起了另一架“永恒运动”的水力机来：这是1575年一位意大利机械师斯脱拉达·斯泰尔许发明的。他的设计见图64。一架螺旋排水机在旋转的时候把水升到上面的槽里，然后从一个流出口流下来，冲在一只水轮上（图64右下侧）。这个水轮带动了磨刀石，同时通过一组齿轮带动了方才说的那架螺旋排水机，把水提升到上面的槽里。这样，螺旋排水机转动水轮，而水轮转动螺旋排水机！……假如这一类机械是可能的，那么，照下面的方法做就更加简单：把一条绳子绕过一个滑轮，绳子两端各系一个一样重的砝码，那么，每一个砝码落下来的时候，它就把另外一个拖了上去，当这个砝码从上面落下来的时候，又把第一个带上去了。它们不也就成了“永动机”吗？

图64　转动磨刀石用的水力“永动机”——古人的设计。

5.13　肥皂泡

你会吹肥皂泡吗？这件事情并不像想象的那么简单。我本来也认为吹个肥皂泡不需要什么技巧，但是，事实却告诉我，要想吹出又大又漂亮的肥皂泡，也的确是一种艺术，是需要好好练习的。那么，像吹肥皂泡这样简单平常的事，也值得去干吗？

是的，这玩意儿在日常生活里是并不受到特别欢迎的，至少在谈话里我们对它不太感觉兴趣；但是，物理学家对它却有不同的看法。“试去吹出一个小小的肥皂泡来，”物理学家说，“仔细去看它：你简直可以终身研究它，不断地从这儿学到许多物理学上的知识。”

事实上，肥皂泡薄膜面上诱人的色彩，使物理学家可以量出光波的波长，而研究娇嫩的薄膜的张力，又帮助了关于分子力作用定律的研究，这种分子力就是内聚力，如果没有内聚力，世界上就会除了最微细的微尘之外什么也没有了。

当然，我写出下面这几个实验的目的，并不是要来探讨这些重大的问题。我这里写的只是一些引人入胜的消遣，只是用来使你对吹肥皂泡的艺术有一个认识。在波依斯著的《肥皂泡》那本书里，有很多关于各种肥皂泡实验的详尽说明。我这里只谈几个最简单的实验。

肥皂泡可以用普通洗衣服的黄肥皂的溶液[①]吹出，但是对于这件事情真有兴趣的人，我介绍他采用橄榄油或杏仁油肥皂，因为这两种肥皂最适宜吹制又大又漂亮的肥皂泡。把一小块这种肥皂小心放在清洁的冷水里溶化，最好用洁净的雨水或雪水，如果没有的话，至少也得用冷却了的开水。如果想使吹出的泡能够耐久，还得在肥皂液里加上三分之一的（依容积计）甘油。现在，用一只小茶匙把溶液上层的泡沫去掉，然后把细瓷管或细笔管的一端里外两面擦过肥皂，放到溶液里去。用10厘米左右长的细麦秆也可以得到很好的效果。

肥皂泡可以这样吹：把管口竖直地放到溶液里，使得管口上蘸上一层溶液膜，拿起来小心地吹。由于肥皂泡里装进了从我们肺部出来的暖气，这气体比房里的空气一般要轻些，因此吹出的泡就会向上升起。

假如一下子就能够吹出10厘米直径大小的泡来，那么所配成的溶液就可以用了；否则就要在溶液里加些肥皂，一直到能够吹出这样大小的泡为止。但这还不够。把肥皂泡吹出以后，用手指蘸些肥皂液，试着插进肥皂泡里去，假如肥皂泡不破裂，那就可以做下面的实验了；如果肥皂泡破裂了，那么还得加些肥皂到溶液里去。

---

① 洗脸的香皂比较不大合用。

各个实验一定要仔细耐心地去做。房里的光线一定要尽可能充足，否则，吹出的泡上看不到美丽的虹彩。

下面是几个吹肥皂泡的有趣的实验。

花朵四周的肥皂泡：拿一些肥皂液倒在一只大盘里或者茶具托盘里，倒2~3毫米厚的一层；在盘子中心放一朵花或者一只小花瓶，用一只玻璃漏斗把它盖起。然后缓缓把漏斗揭开，用一根细管向里面吹去，——于是就吹出一个肥皂泡来；等到这个肥皂泡达到相当大小以后，把漏斗倾斜（如图65右上所示的样子），让肥皂泡从漏斗底下露出来。于是，那朵花或者那只小花瓶就被罩在一个由肥皂薄膜做成的、闪耀着各种彩虹的透明半圆罩子底下了。

如果手头有一个小型的石膏人像，也可以用来代替方才的花或者花瓶（图65右下）。这应该先在石膏人像头上滴一点肥皂液，等到大肥皂泡吹成以后，把管子透过大肥皂泡膜伸进去，把人像头上的小肥皂泡也吹起来。

图65　肥皂泡的几种实验：花朵上的肥皂泡；花瓶四围的肥皂泡；一个套一个的肥皂泡；罩在大肥皂泡里顶住在石像上的小肥皂泡。

一个套一个的肥皂泡（图65左下）：用方才那个漏斗先吹出一个大肥皂泡来，然后把细长的管子整个浸到肥皂液里，使它除了含在嘴里的一部分之外，全段都蘸上了肥皂液，然后小心地把这根管子插进大肥皂泡的膜里，一直伸到中心，再慢慢地抽回来，到离大肥皂泡的膜不远的地方，吹出第二个泡来，然后在这个泡里吹出第三个，第四个，等等。

肥皂膜造成的圆柱体（图66）：先准备两个铁丝圆环。把吹好的肥皂泡放在下面一个环上，把蘸有肥皂液的另一个环从上面轻轻放到肥皂泡上，然后，把这个环慢慢向上提，把泡拉长，一直到它呈圆柱形为止。有趣的是，假如你把上面的圆环提高到比圆环圆周长更大的高度，圆柱的一半就收缩起来，另一半却放宽起来，终于变成了两个泡。

图66　怎样做圆柱形的肥皂泡?

肥皂泡的薄膜总是在张力的作用之下，而且对于它里面的空气有压力；把吹有肥皂泡的漏斗口移近蜡烛火焰的话，可以看到这样薄的薄膜的力量并不算小，火焰会显著地向一边倾斜开去（图67）。

肥皂泡还有一个有趣的现象：你把它从温暖的房间带到比较冷的地方，它就会缩小体积。相反地，如果从冷的地方带到热的地方，体积就会变大。原因当然是泡里空气的热胀冷缩。假如在-15℃的时候，这个泡的体积是1000立方厘米，那么，把它移到温度是零上15℃的房间里，它的体积应该增加110立方厘米：

$$1000 \times 30 \times \frac{1}{273} \approx 110\text{立方厘米}$$

我们还应该指出，一般人认为肥皂泡的“寿命”太短，这一点，是并不完全正确的：如果给它适当的照顾，可以使肥皂泡保存到几十天。英国物理学家杜瓦（他因对液化空气的研究而著名）把肥皂泡保存在特制的瓶子里，排除尘埃，防止干燥和空气的振荡，可以把肥皂泡保存到一个月或者还不止。有人把肥皂泡保存在玻璃罩下面，一直保存了好几年。

图67　空气被肥皂泡的薄膜排出。

5.14　什么东西最细最薄?

许多人大概还不知道肥皂泡的薄膜是人的眼睛能够辨别的最细最薄的东西的一种。我们一般形容很细很薄的东西，常常说“跟头发一样细”，“跟一张纸一样薄”，但是这些用来做比喻的东西如果跟肥皂泡的薄膜相比，那就相差太远了。肥皂泡的薄膜只抵得上头发或者薄纸的$\frac{1}{5000}$厚！一根头发，放大到200倍，大约等于1厘米粗细，但是肥皂泡薄膜的截面即使也放大到200倍，仍旧薄得我们简直没法看清楚。得把这薄膜截面再放大到200倍，才能看得出有一条细线那样粗；而一根头发如果也再放大到200倍（一共放大到40,000倍！）就会有2米的粗细了。图68就是表明这一些关系的。

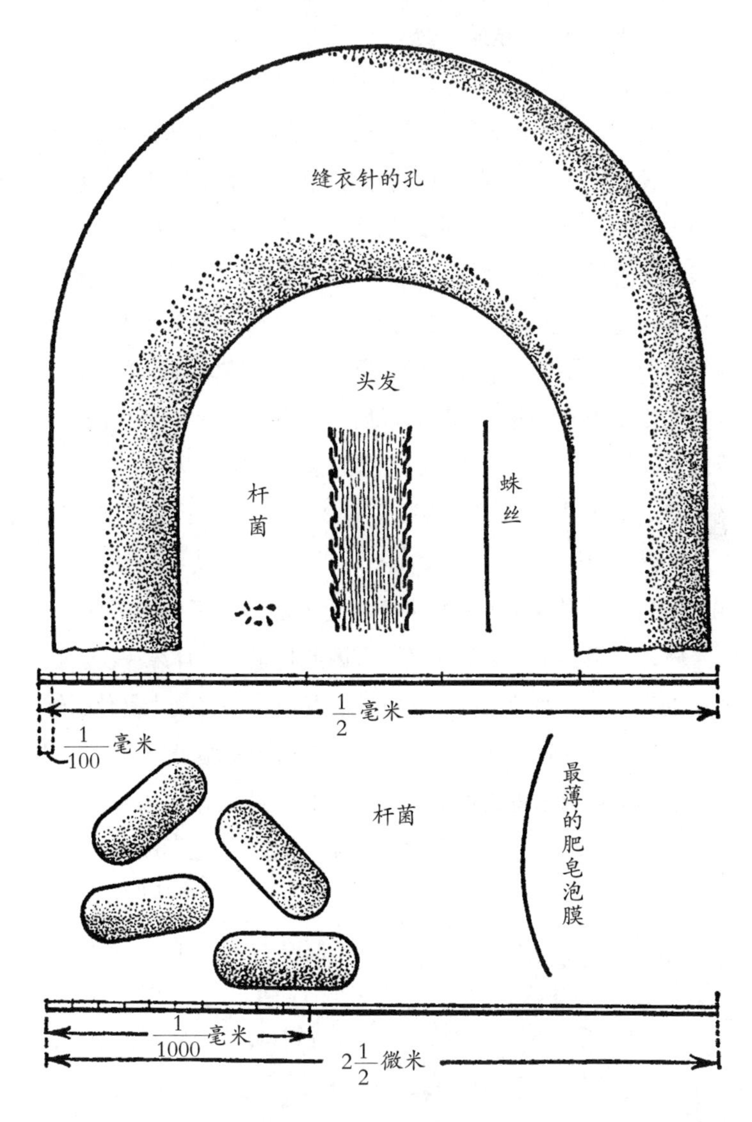

图68　上，放大到200倍的缝衣针的孔、头发、杆菌和蛛丝；下，放大到40,000倍的杆菌和最薄的肥皂泡膜。

5.15　从水里拿东西而不湿手

把一枚铜圆放在平底的大盘里，倒上清水，把铜圆淹没，然后，请你用手把铜圆拿出，却不许把手沾湿。

这个好像根本不可能的题目，只要一只玻璃杯和一张燃着的纸就可以解决。把纸燃着，放到杯子里，很快把杯子倒转，盖在铜圆附近的盘上。纸烧完了，杯子里满是白烟，过了一会，盘里的水竟自动流到杯里去了。这时候那个铜圆当然还留在盘上，只要少许等一会，等它干了，就可以把它拿出来，这时候你的手就可以一点不沾水。

是什么力量把水赶到杯里去，使它支持在某一个高度却不落下来呢？这是空气的压力。燃着的纸烧热了杯里的空气，空气的压力增加了，就把一部分空气排了出去。等纸片烧完以后，杯里的空气又冷了下来，压力也跟着减低了，外面空气的压力就把盘里的水赶进杯子里去了。

不用纸片，拿两根火柴插在一只软木塞上点着了，如图69所示的样子，也可以得到同样结果。

我们时常听到甚至读到一些对于这个实验的不正确的解释①。说什么纸片燃着后，“烧去了杯里的氧气”，因此杯里的气体减少了。这种解释是完全不正确的。主要的原因在于空气的受热，而完全不是什么纸片烧去了一部分氧气。这一点的证明就是，首先，这个实验可以完全不用燃烧纸片，只要把杯子在沸水里烫过也可以。其次，假如用浸透酒精的棉花球来代替纸片，那么，因为它可以燃烧得更久，把空气烧得更热，水也就几乎可以升到杯子的一半；但是，大家都知道，空气里的氧只占全体积的五分之一呀。最后，还有一点可以提出，就是，“烧去”了氧却生出二氧化碳和水汽，它们会占据氧的位置的。

图69 怎样使盘里的水全部流到倒立的杯里去？

① 这一点，最先讲到并且提出正确解释的，是公元前1世纪时的古代物理学家拜占庭的菲罗。

5.16 我们怎样喝水?

咦！难道连这样一个题目还有什么值得去想一下的吗？当然，我们已经习惯把杯子或茶匙放到嘴唇边，把里面装着的液体“吸”进去。正是这个我们已经非常习惯了的简单的“吸”的动作，需要解释一下。真的，为什么液体会流进我们的口腔去呢？是什么东西使它流进去的？原因是这样的：在喝水的时候，我们一定要把胸腔扩大，这样就把口腔里的空气抽去，使口腔里的压力减低；于是，在外面的空气压力作用之下，液体就要流到压力比较小的地方——流进到口腔里去了。这里发生的现象，跟连通管里的液体所发生的完全一样，假如我们把在连通管的一个管里液面上的空气抽稀薄，这时候，由于大气压力的作用，连通管这一个管里的液面就会升高。相反，如果你用嘴唇严密地裹着一只盛水的瓶的瓶口的话，那么即使你用很大的力，也不可能从瓶里吸出水来，这是因为嘴里空气的压力和瓶里水面上的压力完全相等的缘故。

所以，严格地说，我们喝水不只是用嘴巴，还用肺部；就因为肺部的扩张才使水流进我们嘴里去。

5.17 漏斗的改善

假如你曾经用过漏斗把某种液体注到玻璃瓶里去，你一定有这样的经验，就是一定要常常把漏斗向上提起一下，否则液体就会留在漏斗里，不流下去了。这是因为瓶里的空气没有排出去的路，因此它的压力阻碍了漏斗里的液体流进去。起初固然也会有一些液体流下去，这是因为瓶里空气受到压力的作用，略略缩小一些的缘故。但是，空气的体积一压缩，压力也就增高了，就会抵住了漏斗里的水的压力。因此，假如不把漏斗提起，让压缩的空气逸出，漏斗里的水是不可能继续流进瓶里去的。

因此，最实际的办法是把漏斗的外面做成瓦楞形，使漏斗架在瓶口上以后，仍旧留出许多间隙，让瓶里的空气往外流。这样构造的漏斗在平常还没有得到应用；在实验室里却已经有用这样构造的漏斗了。

5.18 一吨木头和一吨铁

大家都知道这个用来开玩笑的问题：一吨木头和一吨铁，哪一个重些？有人不想一想就回答一吨铁重些，常常引起大家的哄笑。

假如回答的人说一吨木头重些，那么大家就要笑得更厉害了。这样的说法，好像没有一点根据，可是严格地说，这个答案却是正确的！

问题在于阿基米德原理不但在液体方面适用，在气体方面也适用。根据这个原理，每个物体在空气里所“失”的重量，等于给这物体所排开的同体积的空气重量。

木头和铁，在空气里当然也要失去它们的一部分重量，要求出它们的真正重量，得把所失的重量加上去。因此，在我们这个题目里，木头的真正重量应该等于1吨加上跟这块木头同体积的空气重量；而铁的真正重量应该等于1吨加上跟这块铁同体积的空气重量。

但是，一吨木头所占的体积，要比一吨铁多得多（大约等于铁的15倍），因此，一吨木头的真正重量要比一吨铁的真正重量大！说得更明确些，我们应该说成这个样子：在空气里重一吨的木头的真正重量，要比在空气里重一吨的铁重些。

一吨铁大约占据0.125立方米的体积，而一吨木头大约占据2立方米，这两种物体排出的空气相差大约2.5千克。你看，一吨木头实际上要比一吨铁就重出这么多！

5.19 没有重量的人

大概许多人小时候就有过一种幻想：假如自己变成和羽毛一样轻，甚至比空气还轻[①]，那就可以免除那个讨厌的引力的作用，自由自在地高高升到天空去，飘游到各地，那该多么好呢！但是，这样想的时候忘记了一件事情，就是人所以能够在地面上行动，只是因为人比空气重。实际上，

---

① 有人认为羽毛比空气轻，但是这是不正确的认识；这东西实际上要比空气重好几百倍。它之所以能够在空中飘浮，只是因为它有极大的面积，使空气对它的阻力跟它的重量比起来显得很大。

托里析利说过，“我们人是生活在空气海洋的底上的”，因此，假如我们不管什么原因突然变轻了，变得比空气还轻，就不可避免地要向这个空气“海洋”的表面升起。那时候我们的遭遇就会跟普希金所写的“骠骑兵”一样：“我把整瓶都喝光了：信不信由你，我可突然像羽毛般地向上飘起了。”那时候我们会升到好多千米高，一直升到那里稀薄空气的密度跟我们身体的密度相等的地方为止。而你原来打算自由自在地在山谷、平原上盘旋游历的想法，也完全破灭了，因为，你从引力的约束下面解放出来了，却立刻又成了另外一个力量的俘虏，成了大气流的俘虏了。

作家威尔斯曾经把这种不寻常的处境选作他的一部科学幻想小说的主题。

一位非常臃肿肥胖的人，多方想法减轻他的体重。这篇小说的主角恰好有一种神奇的药方，吃下这种药会使胖子减轻体重。这个胖子向他要了药方，照着把药服了下去，于是，当那位主角去探望这个朋友的时候，下面这样出乎意外的事件使他大吃一惊。他敲了敲房门：

门许久还没有开。我听到钥匙的转动声音，然后，听到了派克拉夫特（胖子的名字）的声音：

“请进来。”

我旋动了门柄，打开了房门。自然，我以为一定可以看到派克拉夫特了。

可是，你猜怎么样，——他不在房里！整个书房都零乱得很，碟子和汤盆放在书本和文具中间，几把椅子都翻在地上，可是派克拉夫特却不在这儿……

“我在这儿呐，老兄！请把门关上。”他说。这时候我才把他发现（图70）。

这个人竟在天花板底下，靠门的那个角落上，好像被人粘在天花板上似的。他的脸上带着恼怒和惊惧的表情。

“如果有些什么差池，那么，您，派克拉夫特先生，就会跌下来把头颈跌坏的。”我说。

“我倒情愿跌下来呢。”他说。

图70 “我在这儿呐，老兄……”派克拉夫特说。

“像您这样年纪和体重的人，竟做这种运动……可是，真的，您是怎样支持在那儿的呀？”我问。

突然我发现竟是一点也没有什么支持他，他是飘浮在那上面，就像一个吹胀了的气球。

他用力打算离开天花板，想沿墙壁爬到我这儿来。他抓住一只画框，但是那画框跟着他过去了，他就又飞到了天花板底下。他撞到天花板上，这才使我明白他的膝肘各部所以沾上了许多白粉的缘故。他重新用更大的细心和努力，想利用壁炉落下来。

“这个药方儿，”他喘息着说，“简直太灵验了。我的体重几乎完全消失了。”

这一下我一切都明白了。

“派克拉夫特！”我说，“您其实只需要治好您的肥胖病，但是您却一直把这叫作体重……好，别忙，让我来帮助你吧。”我说，一面捉住这位不幸的朋友的一只手，把他拖了下来。

他想站稳在什么地方，就在房间里乱蹦乱跳。真是一件不可思议的怪事！这就跟在大风里想拉住船帆的情形一样。

“这张桌子，”不幸的派克拉夫特说，他已经跳得非常疲惫了，“很结实，很笨重，把我塞到那底下去……”

我这样做了。可是，虽然他已经被塞到桌子底下，还仍旧在那儿摇晃着，跟一只系留着的气球一样，一分钟也不肯安静。

“有一件事情要提醒您，”我说，“您千万别想跑到屋子外面去。如果您跑到屋外，那您就会飞升到高空去……”

我提醒他要对他现在这个新的处境想好办法。我暗示他可以学会在天花板上用两只手走路，这大概不会有什么困难的。

“我没法睡觉，”他抱怨说。

我教给他在铁床的钢丝网上缚好一个软褥子，把一切垫在床上的东西用带绑在那上面，把被也扣在铁床的边上。

人们给他搬了一架木梯进来，把食物放到书橱顶上。我们还想出了一个绝顶聪明的办法，使派克拉夫特能够随时落到地板上，这办法很简单，原来《大英百科全书》是放在敞开着的书橱的最上一层的，胖子只要随手拿两卷书在手里，他便会落到地板上来了。

我在他的家里整整待了两天，两天里面我用小钻和小锤想尽办法给他做了一些奇怪的用具，给他装了一条铁丝，使他能够去按唤人铃，等等。

我坐在壁炉旁边，他呢，挂在他自己喜欢的那个角落上，正在把一张土耳其地毯钉到天花板上去，这时候我起了一个念头：

“哎，派克拉夫特！”我喊道，“我们这些事情都多做了！在衣服里面装一层铅衬里，不就一切都解决了吗！”派克拉夫特高兴得差一些要哭出来。

“去买一张铅板，”我说，“衬在衣服里面。靴子里也要衬上一层铅，手里再提一只实心铅块做成的大手提箱，那就行了！那时候您就不必再待在这儿，简直可以到国外去旅行了。您更用不着担心轮船出事，万一出了事只要把身上的衣服脱去一件或者全部，您就可以在空中飞行。”

上面所说的初看仿佛跟物理学上的定律完全符合。但是，这篇故事里也有一些问题应该提出来。最重要的一点是，即使体重全部消失了，胖子也并不可能升到天花板底下去！

事实是这样的：根据阿基米德原理，派克拉夫特只有在他衣服连同口袋里的物体的总重量比他那肥胖身体所排开的空气的重量小，才能“浮起”到天花板底下去。要算出一个人体体积那么多的空气重量也不难，只要我们知道人体的比重大约跟水相等。我们平均体重大约是60千克，可知同体积的水重量也是这么多，而空气的比重一般只有水的$\frac{1}{770}$，这就等于说，跟人体同体积的空气大约重80克。我们的派克拉夫特先生，再胖也恐怕不会超过100千克，因此，他所排开的空气最多也不会超过130克。那么，难道这位先生的衣、裤、鞋、袜、日记册、怀表以及别的小东西的总重量会不超过130克吗？当然还不止这些。那么，这位胖子就应当继续停留在房里的地板上，虽然相当不稳定，但是至少不会“像系气球那样”，浮到天花板上去。他只有在完全脱掉衣服之后，才真正会浮上去。如果穿着衣服，他只应当像绑在“跳球”[①]上的人一样，只要稍稍用一些劲，比方说轻轻地一跳，就会把他带到离地面很高的地方，如果没有风，就又慢慢地落下来。

5.20 “永动”的时钟

我们在这本书里已经谈到好几种想象的“永动机”，而且也解释过发明永动机是没有希望的。现在我再来谈一谈一种“不花钱”的动力机，所谓“不花钱”的动力机，就是不要什么人照顾，却能够长时期工作的机械，这种机械所需要的动能是从四周的自然环境里得到的。

大家大概见过气压计这个东西吧。气压计有两种：水银气压计和金属气压计。在水银气压计里，水银柱的上端随时跟着大气压力的变化升起或降下；在金属气压计里，在大气压力变化的时候，指针会跟着摆动。

18世纪时，一位发明家利用了气压计的这种运动来发动时钟的机械，

① 关于“跳球”的详细情形，请参看我著的《趣味力学》第四章。

他就这样造出一只时钟，能够不要外力就使钟自动地走起来，而且可以不停地走着。英国的有名机械师和天文学家弗格森看到这个有趣的发明以后，曾经这样评价（在1744年）道："我仔细观察了上面说的那只时钟，它是由一个特别装置的气压计里的水银柱升降带动的；我们没有理由可以相信这只钟会在什么时候停下来，因为储藏在这只时钟里的动力，即使把气压计完全拿走，也已经可以维持这只钟走一年之久。我应该率直地说，根据我对于这只时钟的详细的考察，无论在设计上或者制造上，它的确是我见到过的机械里最精巧的一种。"

可惜这只时钟没有能够保留到今天，它被人抢走了，现在藏在什么地方也没有人知道。不过现在还留下来那位天文学家所做的构造图（图71），因此还有可能把它重新制出来。

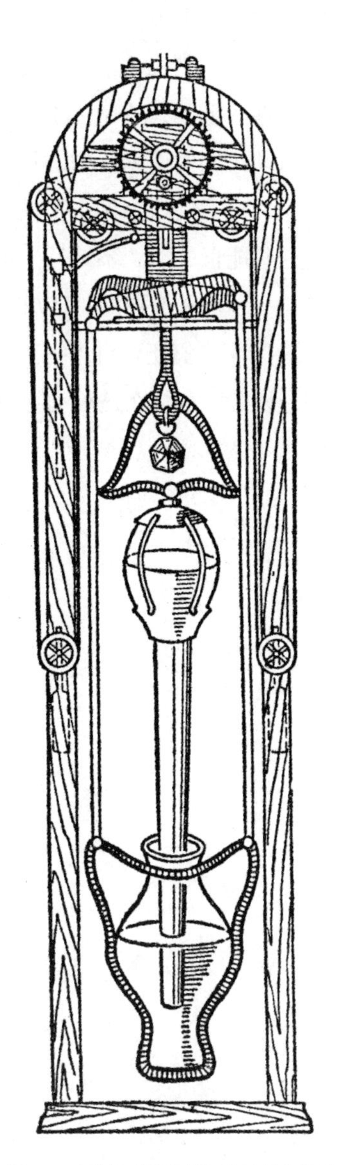

图71　18世纪"不花钱"的时钟的构造。

在这只时钟的构造里，有一只大型水银气压计。盛水银的玻璃壶挂在一只框架上，一只长颈瓶倒插在这玻璃壶里，在玻璃壶和长颈瓶里一共装了150千克水银。玻璃壶和长颈瓶是活动的，可以移上或移下。当大气压力增加的时候，一组巧妙的杠杆会把长颈瓶移下，玻璃壶移上；气压减低的时候，会把长颈瓶移上，玻璃壶移下。这两种运动会使一只小巧的齿轮总是向一个方向转。只有大气压力完全不变的时候，这个齿轮才完全静止不动——但是在静止的时候，时钟仍旧会由事先提升上去的重锤落下的能量继续带动。要使重锤能够提升上去而又要靠它的落下来带动机械，是不容易做到的，但是古时候的钟表匠却很有发明能力，把这个问题解决了。气压变动的能量太大，超过了需要，使得重锤提升上去比落下来更快；因此得有一个特别的装置，等到重锤提升到不能再高的时候，会让它自由地落下去。

这种或者类似的“不花钱”的动力机，跟所谓“永动机”有重大的、原则性的区别，这个区别不难看出。在“不花钱”的动力机里，动力不是像永动机的发明家所想的那样“无中生有”，它们的动能是从机械外面得到的，在我们这个例子里就是从四周的大气得到的，而大气是从太阳光得到这些能量的。“不花钱”的动力机实际上是跟真正“永动机”一样经济的，只是这种机器的制造成本跟它所得到的能量来比嫌太贵了些。

下面我们还要讲到另外一类“不花钱”的动力机，那时候我们预备举例来说明，为什么这种动力机在工业上采用时常是很不合算的。

第六章 热的现象

6.1 十月铁路在什么时候比较长——在夏季里还是在冬季里？

对于下面这个问题：“十月铁路有多少长？”——有人这样回答：“这条铁路的平均长度是640千米，夏天比冬天要长出300米。”

这个出人意料的答案，并不像你所想的那么不合理：假如我们把钢轨密接的长度叫做铁路的长度的话，那么这条铁路的长度就真的应该夏天比冬天长。我们不要忘记，钢轨受热会膨胀，——温度每增高1℃，钢轨平均就会伸长原来长度的$\frac{1}{100,000}$。在炎热的夏天，钢轨的温度会达到30℃~40℃或许更高些：有时候太阳把钢轨晒得摸起来烫人，但是在冬天，钢轨会冷到-25℃或者还更低。我们就把55℃当做冬夏两季钢轨温度的差数，把铁路全长640千米乘上0.00001再乘55，就知道这条铁路要伸长0.33千米！这样看来，莫斯科和圣彼得堡之间的铁路在夏天要比冬天长出0.33千米，也就是说，大约长出300米了。

图72　天气极热的时候，电车轨道也给胀弯了。

当然，事实上伸长了的并不是这两个城市之间的距离，而只是各根钢轨的总长度。这两个东西并不相等，因为铁路上的钢轨并不是密接的：在每两根钢轨相接的地方，留出了一定大小的间隙①，以便钢轨受热的时候有膨胀的余地。数学的计算告诉我们，全部钢轨的总长度是在这些空隙之间增加的，在夏天很热的日子比冬天极冷的日子要伸长300米之多。因此十月铁路的钢轨长度事实上夏天比冬天长300米。

6.2 不受处罚的盗窃

莫斯科到圣彼得堡之间的电信线路，每到冬天总要有好几百米值钱的电报线电话线遗失得无影无踪，但是没有人为了这件事情焦急不安，虽说大家都很清楚知道这是谁干的事情。当然，你也一定知道的：干这件事情的就是冬天里严寒的天气。我们方才谈的关于钢轨的情形，对于电话线也完全适用，不同的只是，铜做的电线受热膨胀的程度比钢轨大，等于钢轨的1.5倍。要注意的是，电话线上是没有留出什么间隙的，因此我们可以毫无保留地相信，莫斯科到圣彼得堡之间的电话线，冬天要比夏天短大约500米。严寒的天气就在每个冬季偷掉500米长的电话线，但是并没有给电信工作造成什么损害，等到暖和季节到来以后，它又会把“偷掉”的电线给送回来了。

不过，这样在冷天收缩的情形，假如不是发生在导线上，而是发生在桥梁上的话，那么，所得到的后果就非常严重了。下面是1927年12月报纸上刊登的一条新闻：

法国遭到连续几天的严寒的袭击，巴黎市中心的塞纳河桥受到严重的

① 假定钢轨长是8米，在0℃时候这个间隙应该是6毫米，因此，这样大小的间隙要到65℃才会胀满。电车钢轨铺设的时候，因为受到技术条件的限制，不可能留出间隙。幸亏电车钢轨一般都是嵌在地里的，温度的变化没有这么大，而且电车钢轨的安装方法也阻止它向旁边弯曲。但是在非常热的时候，电车钢轨也会给胀弯的，就像图72上所示的样子，这张图是依据一张照片画出来的。这种胀弯现象，在铁路上也偶有发生，因为列车在斜坡上行进的时候，时常会把轮子下面的钢轨带着前进（有时候甚至连枕木都给带动了），因此，这种地方的间隙时常无意间给取消了，使得前后两根钢轨密接起来。

破坏。桥的铁架受冷收缩，因此桥面上砌的砖突起碎裂了。桥上交通只得暂时断绝。

6.3 埃菲尔铁塔的高度

假如现在问你，埃菲尔铁塔有多高，你一定会在回答“300米”之前，反问一句：“在什么季节——冷天还是热天？”

因为你知道这么高的铁塔，它的高度一定不可能在什么温度都相同。我们知道，300米长的铁杆，温度每增加1℃，要伸长3毫米。这座埃菲尔铁塔在温度增加1℃的时候，大约也会加高这么多。在巴黎，夏天有太阳的时候，这座铁塔会给晒热到40℃，而在阴冷的雨天，它的温度会跌到10℃，冬天呢，那要跌到0℃甚至-10℃（巴黎严寒的时日不多）。你看，这座铁塔一年四季所受到的温度变化要在40℃以上，这说明了埃菲尔铁塔的高度可以伸缩3×40=120毫米，就是12厘米（比这本书上的一行还长）。

直接度量的结果，使我们知道埃菲尔铁塔对于温度的变化，甚至比空气更敏感：它要比空气热得更快也冷得更快，在阴天太阳突然出现的时候，它比空气更早地起了反应。埃菲尔铁塔的高度，是用一种几乎不受温度变化的影响、始终保持原有长度的镍钢丝来量度的。这种镍钢叫做“因钢”（这是从拉丁文*invar*译音的，原意是“不变的”）。

就是这样，埃菲尔铁塔的顶端在热天要比冷天高出一段来，高出的一段大约有这本书上的一行这么长，这高出的一段是用铁做成的，但是这铁却不值一文钱。

6.4 从茶杯谈到水表管

一位有经验的主妇，当她把热茶倒到客人的茶杯里去的时候，为了避免杯子破裂，总不会忘记把茶匙放在杯子里，最好是银茶匙。是生活上的经验教会她这个正确的做法的。那么，这个做法的原理是什么呢？

首先，我们要明白，在倒开水的时候，杯子为什么会破裂。

这原因是玻璃的各部分没有能够同时膨胀，倒到杯子里去的开水，没有能够同时把茶杯烫热。它首先烫热了杯子的内壁，但是这时候，外壁却还没有来得及给烫热。内壁烫热以后，立刻就膨胀起来，但是外壁还暂时不变，因此受到了从内部来的强烈的挤压。这样外壁就给挤破了——玻璃破裂了。

你千万不要以为杯子厚就不会烫裂。厚的杯子在这方面来说，恰好是最不可靠的：厚的杯子要比薄的更容易烫裂。这原因很明显。薄的杯壁很快就会烫透，因此这种杯子内外层的温度很快会相等，也就会同时膨胀；但是厚壁的杯子呢，那一厚层的杯壁要烫透是比较慢的。

在选用薄的杯子或者别种薄的玻璃器皿的时候，有一点不要忘记：不但杯壁要薄，而且杯底也要薄。因为在倒开水的时候，烫得最热的恰好是杯子的底部；假如底太厚的话，那么，不论杯壁多么薄，杯子还是要破裂的。有厚厚的圆底脚的玻璃杯和瓷器，也是很容易烫裂的。

玻璃器皿越薄，把它加热就越可以放心。化学家就是使用非常薄的玻璃器皿的，他们用这种器皿盛了液体，就直接在灯上烧到沸腾，一点也不怕它会破裂。

当然，最理想的器皿应该是在加热时完全不膨胀的那一种。石英就是膨胀得非常少的一种材料，它的膨胀程度大约只等于玻璃的$\frac{1}{15}$~$\frac{1}{20}$。用透明的石英造成的厚壁器皿，可以随意加热也不会破裂[①]。你可以把烧到红热的石英器皿丢到冰水里，也不必担心它会破裂。这一半因为石英的导热度也比玻璃大。

玻璃杯不只在受到很快加热之后才会破裂，就是在很快冷却的时候，也有同样的情形发生，原因是杯子各部分冷缩时候所受的压力并不均匀。杯子的外层受冷收缩，强烈地压向内层，而内层却还没有来得及冷却和收缩。因此，举例来说，装有滚烫果酱的玻璃罐，决不可以立刻放到严寒的地方或直接浸到冷水里面去。

好，让我们再回到玻璃杯里的银茶匙上来，究竟银茶匙是怎样保证杯

① 石英器皿对于化学实验还有一个好处，就是很难熔化：它要到1700℃才软化。

子不破裂的呢？

玻璃杯的内外壁，只有当开水一下子很快倒进去的时候，受热程度才会有很大差别；温水却不会使杯子各部分受热有很大差别，因此也不会产生强大的压力，杯子也就不会破裂。假如杯子里放着一柄茶匙，那么会发生些什么情形呢？那时候，当开水倒进杯底的时候，在还没有来得及烫热玻璃杯（热的不良导体）之前，会把一部分的热分给了良导体的金属茶匙，因此，开水的温度减低了，它从沸腾着的开水变成了热水，对玻璃杯就没有什么妨碍了。至于继续倒进去的开水，对于杯子已经不那么可怕，因为杯子已经来得及略为烫热的缘故。

总而言之，杯子里的金属茶匙，特别是这柄茶匙如果非常大，是会缓和杯子受热的不均匀，因而防止了杯子的破裂的。

但是，为什么说茶匙假如是银制的，就会更好一些呢？因为银是热的良导体；银茶匙要比不锈钢的茶匙散热更快。你一定知道，放在开水杯里的银茶匙是多么烫手！单凭这一点，你就已经可以毫无错误地确定茶匙的原料了，钢制的茶匙是不会感到灼手的。

玻璃器壁膨胀不平衡的现象，不但威胁玻璃杯的完整，并且还威胁蒸汽锅炉的重要部分——用来测定锅里水位的表管计。水表管只是一段玻璃管，由于内壁受到蒸汽和锅里沸水的作用，要比外壁膨胀得多。此外，蒸汽和水的压力更加强了管壁上所受的压力，因此这个管子（水表管）很容易破裂。为了防止它破裂，有时候用两层不同的玻璃管来做，里面一层的膨胀系数比外面一层小。

6.5 关于洗完澡穿不进靴子的故事

是什么缘故使冬天昼短夜长，夏天昼长夜短呢？冬天昼短，和一切别的可见或不可见的物体一样，是由于冷缩的缘故；至于夜长，是因为点起了灯火，暖了起来因此胀长的缘故。

上面这一段不可思议的奇妙论调，是从契诃夫一篇小说《顿河退伍的士兵》那里引来的，你看了一定会发笑。可是，笑这种说法的人，自己也时常会创造出许多同样不可思议的怪论来。譬如，常常听到有人说或者甚至在书上读到，说什么洗完澡以后，靴子所以穿不进，是因为“脚给热水烫热膨胀，因此增加了体积”。这个有趣的例子已经变成常见的例子，而一般人常常做了完全不合理的解释。

首先，大家应该知道，人体在洗澡的时候温度几乎没有升高。在洗澡的时候人体温度升高一般不超过1℃，至多是2℃。人体机能会很好地跟四周环境的冷热影响做斗争，使体温保持在一定的度数。

而且我们的身体温度即使增加了1℃~2℃，体积增加得也非常有限，穿靴子的时候是绝对不会觉察到的。人体不管软的硬的各部分的膨胀系数都不超过万分之几。因此，脚板的阔狭和胫骨的粗细一共只能胀大百分之几厘米。那么，难道普通一双靴子，会缝制得精确到0.01厘米——像一根头发那么粗细的程度吗？

但是，事实却的确是这样：洗澡以后靴子的确很难穿进。不过穿不进的原因不在受热膨胀，而是在别的原因，例如充血、外皮肿起、皮肤润湿以及别的许多根本跟热无关的现象。

6.6　“神仙显圣”是怎样造成的？

古希腊的机械师亚历山大城的希罗，希罗喷水泉的发明人，告诉我们两个巧妙的方法，是埃及的祭司曾经用来欺骗人民，叫他们相信“神仙显圣”的。

你在图73上可以看到一只空心的金属做的祭坛，下面的地下室里装着一个机构，用来开动这座庙宇的大门。祭坛设在庙门外面。当坛里烧起火来的时候，下面的空气受到热，就要向地下那只瓶里的水加压力，把瓶里的水从旁边一根管子里压出来，流到桶里去，那桶一重就要落下去，带动一个机构转动起来，把门打开（图74）。旁观的人谁也不会想到地下会有特别的装置，他们因此就看到了“神仙显圣”：只要祭坛上烧起火来，庙门就“听从着祭司的祷告”自动打开了……

图73　埃及祭司“神仙显圣”的骗局：庙宇的大门由于祭坛烧火而打开。

祭司想出的另外一个骗人的“神仙显圣”，见图75。当祭坛上烧起火以后，膨胀了的空气就把油从下面的油箱里压到两个祭司像里面的管子里，于是油就会自动加到火上去……但是只要管理这个祭坛的祭司悄悄地把油箱上的一个塞子拔掉，油就会不再流出（因为空气受热以后已经可以通过塞孔逃了出去）；这一手，祭司是预备碰到吝啬的祈祷人的时候用的。

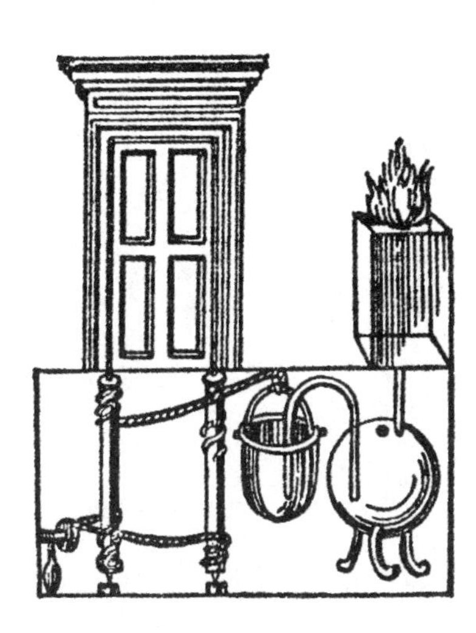

图74　庙宇大门的构造。这座大门，当祭坛里烧起火来的时候会自动打开。

图75　古时另外一个骗人的“神仙显圣”：油会自动加到祭火上去。

6.7 不需要发动的时钟

前面我们已经说过不需要发动的时钟（见5.20节）——说得更正确些，是不要人手发动的时钟，——那种时钟的构造，是利用了大气压力的变化的。现在我们来谈一种利用热胀原理做成的这一类时钟。

这种时钟的构造见图76。它的主要部分是两根长杆Z_1和Z_2，两杆都用特别的合金制成，那种合金有极大的膨胀系数。Z_1杆贴附在齿轮X的齿上，当这根杆受热伸长的时候，会把齿轮X略略推转。Z_2杆却挂在齿轮Y的齿上，当它在受冷缩短的时候，会把齿轮Y也向那同一方向转动，这两个齿轮（X，Y）装在同一根轴W_1上，这轴转动的时候，会把那个大轮带转，大轮上装有许多勺子。大轮转动的时候，下部的勺子会汲进槽里的水银，带到上边来，从这里流到左边的一个轮子，这个轮子也装有勺子。左边轮子上的勺子装满了水银，就会由于重力的作用转动起来，带动绕在K_1轮（K_1和轮子装在同一根轴W_2上）和K_2轮上的链带KK；K_2轮就把时钟的弹簧带动。

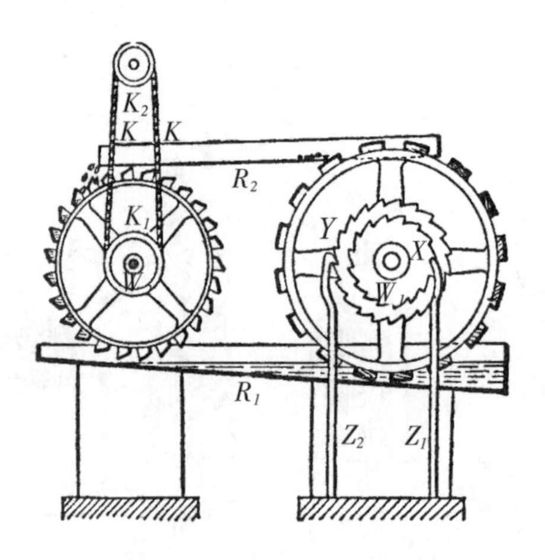

图76　自己“发动”的时钟。

左边轮子上流下来的水银怎么样呢？它会沿着斜槽R_1流回到右边大轮下面，再给右边大轮上的勺子提升上去。

这样看来，这个机构是应当动起来的，而且只要Z_1、Z_2两杆在伸长或缩短，它就不会停止下来。因此，为了发动这只时钟，只要四周空气的温度不停地升降就可以。而实际上也正是这样，根本用不到我们操心：四周空气温度上的随便什么变化，总会引起长杆的胀缩，因此，时钟的发条就被慢慢而不间断地卷紧了。

这种时钟可以叫做“永动机”吗？当然不可以。是的，除非这只时钟的机构由于磨耗而损坏，否则就会永远走下去，但是它的动力来源却是它四周空气的热量；是热膨胀的功给这只时钟零碎地储藏了起来，以便把它不断消耗在时钟指针的运动上。这只是一架“不花钱”的动力机，因为它既不需要照料，也没有什么消耗。但是它却并不能够无中生有：它的动力的最初来源是晒热地面的太阳的热能。

另外一只这一类自己发动的时钟，见图77和图78。这只时钟的主要部分是甘油，甘油能够随着空气温度的升高而膨胀，利用这一点来提升起一个小重锤；这个重锤落下的时候把时钟的机构带动。因为甘油只在-30℃才凝固，在290℃才沸腾，因此这只时钟可以给城市广场和别的开阔的地方应用。只要温度的变化达到2℃，就可以使这只时钟走动。有一只这样的时钟就曾被试验过，它在一年里面走得非常好，而在这一年里没有人去动过它一次。

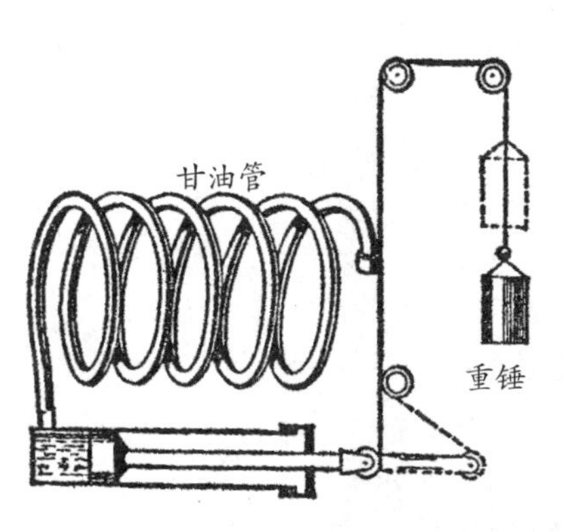

图77　另外一只自己发动的时钟的构造。

图78　自己发动的时钟。底座下面装有蛇形管，里面装了甘油。

那么，根据上面的原理，造出比较大的动力机，是不是有利呢？初看这种“不花钱”的动力机应该是非常经济合算的，可惜计算告诉我们的是另外一个答案，为了把一只普通时钟上的发条旋紧，使它能够走足一昼夜，大约一共要$\frac{1}{7}$千克米①的功。这大约等于每秒钟要用$\frac{1}{600,000}$千克米；我们知道一马力等于每秒75千克米，因此，一只时钟的功率大约等于一马力的$\frac{1}{45,000,000}$。于是，假如我们把前面那只时钟两根膨胀的长杆或者第二只时钟的附件算是值一分钱，那么，这种发动机发出一马力需要资本：

$$1分 \times 45,000,000=450,000元。$$

就是说每一马力的这种发动机需要近50万元，这对于“不花钱”的发动机来说，恐怕是太贵了吧。

6.8 值得研究的香烟

烟灰缸上放着一支香烟（图79），这支香烟从两端冒出烟来，但是，从纸烟嘴冒出的烟是向下沉的，另外一端，就是燃着的那一端的烟却是向上冒的。为什么呢？难道同一支烟的两端，冒出的烟不一样吗？

不错，两端冒出的烟是一样的，但是在燃着的那端，烧热的空气形成了上升气流，是它把烟带着上升的；至于从烟嘴出来的烟和空气，已经冷却了，因此就不会上升，而烟粒本身要比空气重，因此就沉下去了。

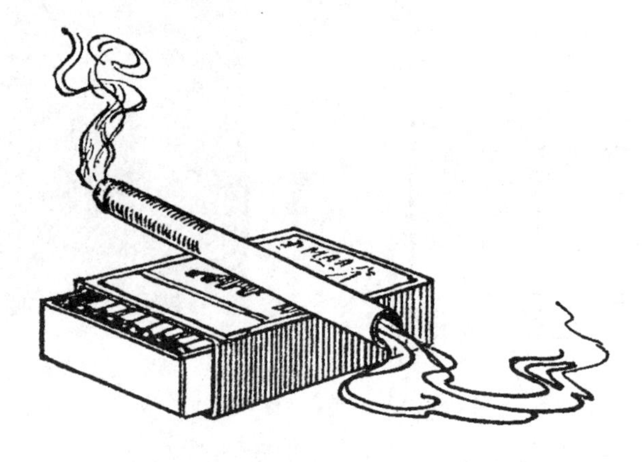

图79　为什么香烟一端的烟向上升，另外一端的烟向下沉？

① 热功单位之一，1焦耳=0.10204千克米。

6.9 在开水里不融化的冰块

把一小块冰丢到装满水的试管里去，由于冰比水轻，要想不让冰块浮起，再投进去一粒铅弹、一个铜圆等去把冰块压在底下；但是不要使冰跟水完全隔离。现在，把试管放到酒精灯上，使火焰只烧到试管的上部（图80）。不久，水沸腾了，冒出了一股一股的蒸汽。但是，多奇怪呀，试管底部的那块冰却并没有融化！我们好像是在表演魔术：冰块在开水里并不融化……

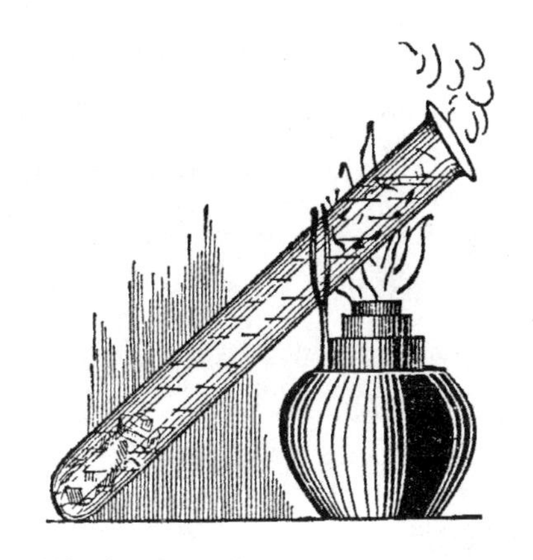

图80 试管上部的水已经沸腾，但是下部的冰块没有融化。

这个谜的解释是这样的。试管底部的水根本没有沸腾，而且仍旧是冷冰冰的，沸腾的只是上部的水。我们这儿并不是什么“冰块在沸水里”，而是“冰块在沸水底下”。原来，水受了热膨胀，就变成比较轻的，因此不会沉到管底，仍旧留在管的上部。水流的循环也只在管的上部进行，没有影响到下部。至于下部的水，只能经过水的导热作用才受到热，但是，你知道水的导热度却是很小的啊。

6.10 放在冰上还是冰下？

我们烧水的时候，一定把装水的锅放在火上，不会放到火的旁边。这样做是完全正确的，因为给火焰烧热了的空气比较轻，从四周向上升起，绕着水锅的四周升上去。

因此，把水锅放在火上，我们是最有效地利用了火焰的热量。

但是，假如我们想用冰来冷却一个什么物体的时候，要怎样做呢？许多人根据一向的习惯，把要冷却的物体也放到冰的上面。譬如说，他们把装有热牛奶的锅放在冰上面。这样做其实是不适当的，因为冰上面的空气受到冷却后，就会往下沉，四周的暖空气就来占据冷空气原来的位置。这样你可以得到一个非常实际的结论：假如你想冷却一些饮料或者食物，千万不要把它放在冰块的上面，而要把它放在冰块的底下。

让我们再解释得详细些：假如把装水的锅放在冰块的上面，那么受到冷却的只有那水的底部，水的别的部分的四周仍旧没有冷却的空气。相反，假如把一块冰放在水锅的上方，那么水锅里的水的冷却就会快得多，因为水的上层冷却以后，就会降到下面去，底下比较暖的水就会升上来，这样一直到整锅水全部冷却为止①。从另外一方面说，冰块四周的冷却了的空气也要向下沉，绕过那个水锅。

6.11 为什么紧闭了窗子还觉得有风？

时常会有这样的情形：房间里的窗子关闭得非常紧密，没有丝毫漏缝，竟仍旧会觉得有风。这好像很奇怪，但是事实上却没有什么可以奇怪的。

房间里的空气几乎没有完全安定的时候。房间里面总有一些看不出的空气流，这种空气流是由于空气的受热或冷却引起的。空气受热，就会变得比较稀，因此也就变得比较轻；受冷呢，相反，就会变得比较密，也就变得比较重。被电灯或炉子烧热了的比较轻的暖空气，会被冷空气挤压向上升，升到天花板；而靠近冷窗子或墙壁的比较重的冷空气，就要向下沉，沉到地板上。

关于房间里面的这种空气流，我们可以利用孩子们玩的气球来观察，

① 在这种情况下，清水只会冷却到4℃（这时候它的密度最大），而不会冷却到0℃；但是实际生活上，一般也并没有必要把饮料冷却到0℃。

在一只气球下面系上一个小物体，使得这个气球不会一直飞到天花板，只能够飘浮在空中，于是，把这只气球放在熊熊的火炉旁边，它就会受到看不出的空气流带动，在房间里慢慢地旅行起来。首先从炉子旁边升到天花板底下，然后飘到窗子旁边，从那里落到地板上，又回到炉子旁边，重新绕着房间打转。

冬天窗子虽然关闭得非常紧密，房间外面的寒气不可能透进里面来，而我们却仍旧会感觉有风在吹着，特别在脚下更显著，原因就是这样。

6.12 神秘的纸片

请你把一张薄纸剪成长方形，按照它的横直两条中线各对折一次。再把纸展开，你一定知道，两条折痕的交点就是这张长方纸片的重心。现在，把这张纸片放到一根竖立着的针的针尖上，使针尖恰好顶着这一点。

这张纸片会在针尖上保持平衡，因为针是顶在它的重心上。这张纸片如果受到一阵微风吹动，就会很快旋转起来。

起初，这个小玩意还看不到什么神秘的现象。现在你把手放到这张纸片旁边，像图81的样子；注意手要轻轻移过去，不要让手移动时候的风把纸片吹落。奇怪的现象发生了：纸片旋转起来，起初还慢，渐渐快起来了。可是如果你把手悄悄地拿开，纸片立刻就会停止旋转；把手移近，纸片又旋转起来。

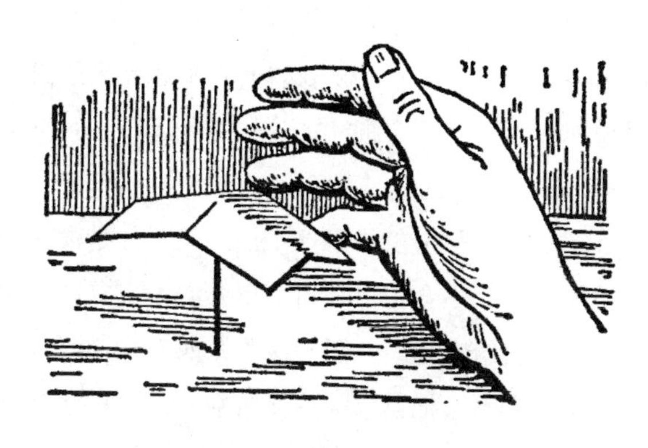

图81　为什么纸片会转起来?

这个谜一般的旋转现象，在很久以前，曾经有过一个时期使许多人认为人体有某种超自然的能力。信奉神秘教的人们，就认为这个实验恰好证实了他们的“人体能够发出神秘力量”的模糊的学说。但是实际上这一件事情的原因非常自然而且简单：下部的空气被你的手掌温暖了就向上升起，它碰到纸片，纸片就旋转起来，就像放在灯上的纸条卷会转动一样，因为纸片曾经折过，就出现了略略的倾斜。

细心的人在做这个实验的时候，一定会发现这个纸片总是按照一个方向旋转，它总是从手腕那边向手指那边转过去。这一点，解释起来也很容易。人手各部分的温度是不同的：手指端上的温度总比掌心低；因此，接近掌心的地方，就会形成比较强的上升气流，它对纸片所加的力量也比手指那边大[①]。

6.13 皮袄会给你温暖吗?

假如有人一定要你相信，说皮袄根本一点也不会给人温暖，你要怎样表示呢？你一定会以为这个人是在跟你开玩笑。但是，假如他用一连串的实验来证明他的话呢？譬如说吧，你可以做这样一个实验。拿一只温度计，把温度记下来，然后把它裹在皮袄里。几小时以后，把它拿出来。你会看到，温度计上的温度连半度也没有增加：原来是多少度，现在还是多少度。这就是皮袄不会给人温暖的一个证明。而且，你甚至可以证明皮袄竟会把一个物体冷却。拿一盆冰裹在皮袄里，另外拿一盆冰放在桌子上。等到桌子上的冰融化完之后，打开皮袄看看：那冰几乎还没有开始融化。那么，这不是说明皮袄不但不会把冰加热，而且还在让它继续冷却，使它的融化减慢吗？

你还有什么说的呢？你能够推翻这个说法吗？你是没有办法推翻的。皮袄确实不会给人温暖，不会把热送给穿皮袄的人。电灯会给人温暖，炉子会给人温暖，人体会给人温暖，因为这些东西都是热源。但是皮袄却一点也不会给人温暖。它不会把自己的热交给别人，它只会阻止我们身体的

① 如果高热病人或者体温比较高的人来做这个实验，纸片就旋转得更快。

热量跑到外面去。温血动物的身体是一个热源，他们穿起皮袄来会感到温暖，正是因为这个缘故。至于温度计，它本身并不产生热，因此，即使把它裹在皮袄里，它的温度也仍旧不变。冰呢，裹在皮袄里会更长久的保持它原来的低温，因为皮袄是一种不良导热体，是它阻止了房间里比较暖的空气的热量传到里面去。

在这个意义上，冬天下的雪，也会跟皮袄一样地保持大地的温暖；雪花和一切粉末状的物体一样，是不良导热体，因此，它阻止热量从它所覆盖的地面上散失出去。用温度计测量有雪覆盖的土壤的温度，知道它常常要比没有雪覆盖的土壤的温度高出10℃左右。雪的这种保温作用，是农民最熟悉的。

所以，对于“皮袄会给我们温暖吗”这个问题，正确的答案应该是，皮袄只会帮助我们自己给自己温暖。如果把话说得更恰当一些，可以说是我们给皮袄温暖，而不是皮袄给我们温暖。

6.14 我们脚下是什么季节？

当地面上已经是夏天的时候，地底下，譬如说地面以下3米的地方，正是一个什么季节呢？

你以为那儿也同样是夏天吗？错了！地面上的季节和地底下的季节，并不像我们平常所想象的那样以为它们是相同的，实际上它们根本不相同。土壤是很难导热的。比方说在圣彼得堡，即使在最严寒的冬天日子里，装在地面以下2米深的自来水管也不会冻裂。地面以上温度的变化，要很久才能够传到地面下很深的土壤，土壤层越深的，这个落后的时间也越久。举例来说，在俄罗斯一个叫斯卢茨克的地方做的直接测量就告诉我们，在3米深的地方，一年里面最暖时间的到来要比地面上迟76天，而最冷时间的到来要迟108天。这就是说，假如地面上最热一天是7月25日，那么在3米深的地下，最热一天要等到10月9日才到来！假如地面上最冷一天是1月15日，那么在3米深的地下，最冷一天要在5月间才到来！至于更深的地方，这个落后的时间也就更长。

向土壤进入越深，温度的变化不但要在时间上越落后，而且还逐渐减弱，到了某一个深度，还完全停止了变化。在这地方，成年成世纪地都只有同一个固定不变的温度，这就是那个地方的所谓全年平均温度。巴黎天文台的地窖里，在28米深的地方有一只温度计，这只温度计还是拉瓦锡放在那里的，已经有几百年了，在这样长的一段时间里，这只温度计指出的温度竟一点也没有变过，始终是同样的温度（11.7℃）。

所以，在我们脚底下的土壤里，从来没有跟我们这儿同样的季节。当我们这里已经是冬天的时候，3米深的地方还只是秋天——还不是地面上有过的那样秋天，而是温度减低更缓和的秋天；而当我们这里到了夏天的时候，地底下还在过着冬天严寒的尽头呢。

这件事情，对于研究地下动物（例如金龟子的幼虫）和植物地下部分的生活条件，是非常重要的。譬如，各种树木根部细胞的繁殖所以在天冷季节进行，根部的所谓形成组织所以几乎在整个温暖季节里停止活动，恰跟地面上树干的情形相反，根据上面所说的，我们也就不应该有什么奇怪了。

6.15 纸制的锅

请看图82：鸡蛋放在纸锅里煮着！“纸要立刻烧起来，水就会把火浇熄的，”你一定会这样说。但是，请你先拿厚纸和铁丝做一个纸锅来实验一下。你就会相信，你的纸锅一点也不会被火烧坏。原因是，水在开口的（不是密闭的）容器里面，只能煮到沸腾的温度，就是100℃；锅里煮着的热容量相当大的水，吸收了纸的多余的热量，不让纸热到比100℃高多少，就是不使它达到能够燃着的温度（更切实些的实验，是用小纸盒来做的，纸盒形状如图83所示）。因此，虽然火焰不断舐着纸锅，纸并不会起火燃烧。

不小心的人会把空壶放到炉子上，因此使壶底的焊锡熔化了，这个叫人懊丧的经验也属于同一类的现象。这原因很明显，焊锡的熔点比较低，只有水贴近它的时候才会使它不受到过高的温度。同样，有焊接部分的锅也不可以不放水就直接放在火上。在马克沁式的机关枪上，正是利用水防止了枪筒的熔化。

图82　在纸锅里面煮鸡蛋。

你还可以做这样的一个实验，把一块锡块放在卡片纸做的纸盒里来熔化，只要使火焰恰好舐着锡块和纸盒接触的地方，那么，由于锡块是一个比较好的导热体，就会很快地从纸上把热量吸过去，不让纸的温度升到比锡的熔点就是335℃高得太多。这样的温度还不会使纸烧着。

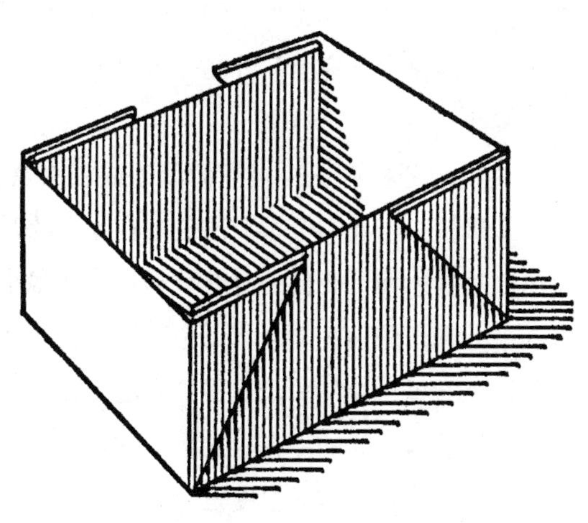

图83　用来烧开水的纸盒子。

下面的一个实验也很容易做（图84）：用狭长纸条像螺丝般紧裹在一枚粗铁钉或者一根铁杆（最好是铜杆）上面，然后把这东西送到火上去。熊熊的火焰虽然舐着这纸条，但是在钉子烧红之前，纸条不会烧起来。这个现象的解释很简单：钉子（或铜杆）的导热度很大；同样的实验，如果改用导热度小的玻璃棒，就不会成功了。

图85表示一个和上面所说相仿的实验，是把棉线紧绕在一柄钥匙上。

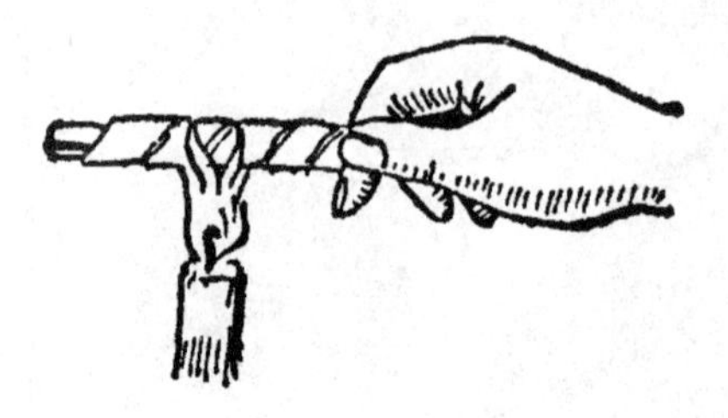

图84　烧不着的纸条。

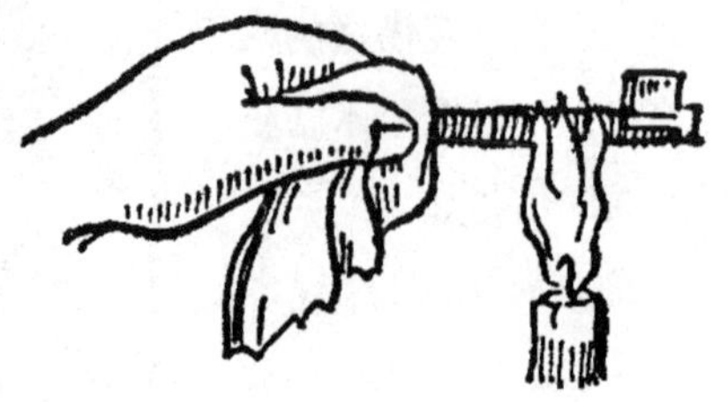

图85　烧不着的棉线。

6.16　为什么冰是滑的？

在擦得光光的地板上，要比在普通地板上容易滑倒。这样看来，冰上也应该一样了，就是光滑的冰应该比凹凸不平的冰更滑了。

但是，假如你曾经在凹凸不平的冰面上拖过满载重物的小雪橇，你就会相信，雪橇在这种冰面上行进，竟要比在平滑的冰面上省力得多。这就是说，不平的冰面竟比平滑的冰面更滑！解释是，冰的滑性主要并不因为它平滑，而是由于完全另外的一个原因，就是当压强增加的时候，冰的融点要减低。

让我们分析一下，当我们溜冰或者乘雪橇滑行的时候，究竟发生一些什么事情。当我们穿了溜冰鞋站在冰上的时候，用鞋底下装着的冰刀的刃口接触着冰面，我们的身体只是支持在很小很小的面积上，——一共只有几平方毫米的面积上。你的全部体重就压在这样大小的面积上。假如你想起第二章里所谈的关于压强的问题，你就可以明白，溜冰的人对于冰面所加的压强是极大的。在极大压强的作用下，冰在比较低的温度也能够融化；比方说，现在冰的温度是-5℃，而冰刀的压力把冰刀下面的冰的融点减低的还不止5℃，那么这部分的冰就要融化了[①]。那时候就怎么样了呢？那时候在冰刀的刃口和冰面之间产生了一薄层的水，——于是，溜冰的人

① 理论上可以算出，要使冰的融点减低1℃，每平方厘米上要有130千克的大压力。但是这是指冰融化的时候和水都是在同一压强下说的。而在现在我们所举的一些例子里，受到压力的只是冰，至于因此产生的水，它只受大气的压强；在这样的情形下，压力对于冰的融点的影响要大得多。

可以自由滑溜了。等他的脚滑到了另外一个地方，发生的情形也是一样。总之，溜冰的人所到的地方，在他的冰刀下面的冰都变成了一薄层水。在现有各种物体当中，还只有冰具有这种性质，因此一位物理学家把冰称做“自然界唯一滑的物体”。其他物体只是平滑，却不滑溜。

现在我们可以谈到本节的题目上来了：光滑的还是凹凸不平的更滑？我们已经知道，冰面被同一个重物压着，受压面积越小，压强就越大。那么，一个溜冰的人站在平滑的冰面上，对支点所加的压强大呢，还是站在凹凸不平的冰面上所加的压强大？当然在凹凸不平的情形压强大：因为在不平的冰面上，他只支持在冰面的几个凸起点上。而冰面的压强越大，冰的融化也越快，因此，这冰也就显得更滑了（这个解释只对于刀刃比较阔的冰刀是适用的，对于刀刃锋利的冰刀，因为它会切割到冰的凸起部分里去，上面所说是不适用的——在这个情形，运动的能量要消耗到切割凸起部分上面去）。

日常生活里有许多别的现象，也可以用冰在大压强下面熔点减低的道理来解释。两块冰叠起来用力挤压，就会冻结成一块，正可以用这个道理来说明。孩子们在捏雪球的时候，无意识地正是利用了这个特性，雪片在受到压力的时候，减低了它的熔点，因此有一部分融化了，手一放开就又冻结起来。我们在滚雪球的时候，也是在运用冰的这个特性：滚在雪上的雪球因为它本身的重量使它下面的雪暂时地融化，接着又冻结起来，粘上了更多的雪。现在你当然也会明白为什么在极冷的日子，雪只能够给捏成松松的雪团，而雪球也不容易滚大。人行道上的雪，经过走路的人践踏以后，也因为这个缘故，会逐渐凝成坚实的冰，雪片冻成了一整层的冰块。

6.17 冰柱的题目

你可曾想过这样的一个问题：我们时常看见的屋檐上垂下来的冰柱，它们是怎样形成的？

这些冰柱是在怎么样的天气形成的呢？在暖和的日子里还是在严寒的日子里？假如说是在温度是0℃以上的暖和日子里，那么它怎么会凝结成冰柱呢？假如是在严寒日子里，那么，在一座没有生火的住宅屋顶，又哪里来的水呢？

现在你已经看出这个题目不很简单了。要形成冰柱，一定要同时有两种温度，一种是0℃以上的温度，能够使积雪融化；另一种是0℃以下的温度，能够使雪水冻结。

事实上正是这样：倾斜的屋顶上的积雪在融化，因为太阳光把它晒到0℃以上的温度了；融化以后的雪水流到屋檐上却又冻结了，因为这儿的温度是在0℃以下（当然，我们说的不是那种由于室内温度产生冰柱的情形）。

试想象这样一幅图画：晴朗的天气，温度只有-2℃~-1℃。太阳光正照在一切物体上。但是这些斜射过来的光线并没有能够使地面上的雪融化。这里值得注意的是，在正对太阳的倾斜屋顶上，太阳光并不像对于地面那么偏斜，而是用比较陡峭接近直角的角度射下来的。大家知道，太阳射下的光线跟射到的平面所呈的角度越大，这个平面给太阳晒热的程度也越大。（太阳光线的晒热作用，跟这个角度的正弦值成正比；就像图86所示的情形，屋顶上的雪受到的热是地面的雪的2.5倍，因为sin60° 大约是

图86　太阳光把倾斜的屋顶晒得比水平的地面更热（图上数字表示太阳光线跟它射到的平面所呈的角度）。

sin20° 的2.5倍）。屋顶斜面上所以晒得比较热，原因就在这里，因此，雪就融化了，雪水一滴一滴从屋檐流下。但是屋檐底下的温度是比0℃低的，同时水滴还要因为蒸发作用而冷却，自然要凝结起来。接着第二滴雪水流到这已经凝结的冰滴上，也冻起来；这样下去，逐渐形成了一个小小的冰球。这些冰球逐渐加长起来，结果就形成了挂在屋檐下的冰柱。不生火的住宅或仓库的屋檐所以时常会产生这种冰柱，原因就是这样。

我们用同样的理由还可以来解释范围比较大的现象。你知道不同的气候带以及一年四季的温度上的区别，大部分是跟太阳光线射到的角度有关的呀[①]。太阳离我们的距离，夏天和冬天大约相等；太阳离两极和赤道的距离也差不多一样（虽然略有些出入，但是不起什么作用）。但是，太阳射到地面的光线，在赤道上要比在两极上陡直；而且，这个角度夏天又比冬天大。正是这个原因，才造成了白天里温度的显著变化，也就是说，引起了整个大自然界生活上的显著变化。

① 只是“大部分”，而不是全部。另外一个重要的原因是白昼时间的长短不同，也就是说，太阳射到地面上的时间长短不同。其实，这两个原因在于同一个天文事实，就是地轴对于地球绕日公转的轨道面是倾斜的。

Chapter 7

第七章

光线

7.1 捉影

唉，影子啊，黑暗的影子，

有谁不被你追上？

有谁不被你追越？

只有你，黑色的影子，

却没人能把你捉到和拥抱！

——涅克拉索夫[1]

假如说我们的祖先不会捉自己的影子，至少他们已经会从自己的影子那里得到一些好处。他们利用影子，画出人体的“影像”。

在我们的时代里，依靠照相术的帮助，每个人都能够得到自己的照片或是替亲近的人拍照。但是在18世纪的时候，人们却还没有这种幸福：当时要请画家画一幅像得付出很多的钱，只有不多的人能够出得起这笔钱。因此，“影像”才得到了这样大的流行，在当时，这种“影像”竟相当于现在的照相术这样普遍。所谓“影像”，其实可以说是捉到并且钉住在纸上的影子。这种“影像”，是用很机械的方法画出的，在这一方面，使我们不由得想起了它跟照相术刚好相反。我们在拍照的时候，是利用光线射到底片上，但是我们的祖先为了同一个目的，却没有利用光而利用了影子。

影像的画法从图87可以看得很清楚。那个人的头转到某一个位置，使它的影子有最显著的轮廓，然后用笔描出它的轮廓来。这个轮廓画好以后，涂满黑墨，剪下贴到一张白纸上，影像就成功了。愿意的话，可以利用放大尺把它缩小（图88）。

你可别以为这种简单的黑色轮廓画不可能表示那个人形貌上的特点。相反，画得好的影像有时候跟原来的形貌非常相像。

这种影像的特点是画法简单，又跟原来的形貌相像，这使得许多画家对它产生了兴趣，他们开始用同样方法画整幅的图画、风景等，渐渐地发

[1] 涅克拉索夫（1821~1878），俄国诗人。

图87　从前面制影像的方法。

展成为一个画派。图89就是席勒的影像。

“影像”这个名称，是从法文*Silhouette*（西路哀特）这个字译过来的。这个字的来源很有趣，本来是18世纪中叶一位法国财政大臣的姓，那位大臣叫艾奇颜纳·德·西路哀特，他在当时曾经竭力号召浪费成性的法国国民注意节俭，并且责备法国显贵们不应该把大量金钱消费到图片和画像上。由于影像很便宜，顽皮的人就把这种影像叫做“*à la Silhouette*”（意思就是“西路哀特式”）。

图88　影像的缩小。

图89　席勒的影像（1790年）。

7.2 鸡蛋里的鸡雏

你可以利用影子的特性，向你的同伴表演一个有趣的玩意儿。拿一张浸过油的纸，把它粘在一张硬纸板中间的方孔上，就装成一个油纸幕。幕的后面放两盏灯；请你的观众在幕的前面观看。现在，把一盏灯点起，譬如把左面的一盏灯点起。

在点起了的灯跟纸幕之间，加进一个椭圆形的硬纸片，于是幕上就现出了一个鸡蛋的影像（这时右面一盏灯还没有点燃）。现在你可以向你的观众说，就要开动X射线透视机了，就可以透视到鸡蛋的内部……看到鸡雏了！果然，一下子你的观众就会看到那鸡蛋仿佛边上比较明亮，中心部分却暗了下去，清楚地看到了一只鸡雏的影像（图90）。

图90　假的X射线透视。

其实这出魔术没有多大奥妙，说穿了很简单：在你右面那盏灯的前面，放着一个鸡雏形的硬纸片。把这盏灯点亮以后，幕上那椭圆形的影子上，又有右面的灯射来的一个“鸡雏”的影子，而鸡雏影子四周受到右面灯光的照射，因此，“鸡蛋”的边上要比它的中央部分明亮。你的观众呢，他们是坐在幕的前面的，并没有看到你的动作，因此——假如他们不懂物理学和解剖学的话——很可能就被你骗了，以为你果真把X射线透过了鸡蛋。

7.3 滑稽的照片

许多人一定还不知道，照相机即使没有放大玻璃（镜头），也可以用它那小圆孔拍得出照片来，不过拍出的照片没有那么清晰罢了。这种“没有镜头的镜箱”里，有一种“狭缝”镜箱，是用两条狭缝代替小圆孔的，这种镜箱会使你看到极有趣的变形。这种镜箱的前面有两块板，一块板上开一条竖直的狭缝，另一块板上开一条水平的狭缝。假如把这两块板紧贴在一起，那么所得到的像就跟小孔镜箱一样，可以得到正常的没有歪曲的像。但是，假如把两块板离开一些（这两块板装得可以活动的），那么所得到的像就会给歪曲成离奇的形状（图91和图92）。你所看到的可以说不是照片，而是滑稽画。

图91　用狭缝镜箱拍得的滑稽画式的照片。它在横的方向变了样。

图92　滑稽画式的照片，它在竖的方向变了样（也是用狭缝镜箱拍得的）。

这种歪曲要怎样解释呢?

让我们试把水平狭缝放在竖直狭缝前面来研究一下(图93)。光线从物体D(十字形)的竖直线透过C缝的时候，那情形就跟透过普通的小孔一样；至于后面那竖直狭缝B，对于这道光线的进行已经没有起什么作用。因此，映在镜箱后面毛玻璃A上的物体D的竖直线的像对原来竖直线的比，就要依AC距离对DC距离的比来决定。

但是，如果两块狭缝板的位置仍旧不变，物体的水平线映在毛玻璃上的形状就完全两样了。这条线的光线可以没有阻碍地通过第一道狭缝(水平狭缝)，一直射到B缝；通过B缝(竖直狭缝)的时候，这道光线仿佛通过一个小孔一样，而在毛玻璃A上映出一个像来，这像的大小对原来水平线的比，跟AB距离对DB距离的比相等。

简单地说，在两块狭缝板的位置如图93所示的情形时，对于物体的竖直线，仿佛只有前面一条缝(C)，而对于物体的水平线，却仿佛只有后面的一条缝(B)。因为前面那块板比后面那块板离毛玻璃远，所以物体在毛玻璃上的像在竖直方向上应该比水平方向上放得更大，就是物体的像仿佛沿竖直方向拉长了一般。

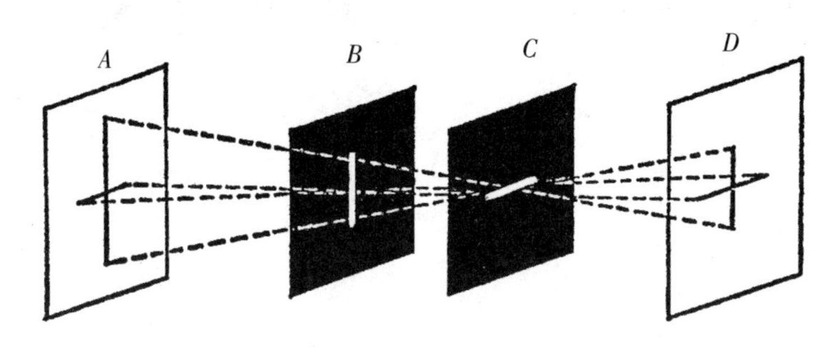

图93　为什么狭缝镜箱会拍出歪曲的像?

反过来说，如果两个狭缝的位置跟图93相反，所得到的像就会向横的方向伸长(比较图91和图92)。

自然，假如两条狭缝是斜放的，就会得到另外一种歪曲的情形。

这种镜箱不但可以用来拍取滑稽画式的照片，它还可以担任更加重要的实际任务。例如，可以用来得到建筑物装饰图案，地毯花样等的图案，

——总之，用来得到拉长或压扁了的各种装饰和图案。

7.4　日出的题目

你在早晨5点钟看到日出。但是大家都知道，光的传播不是瞬间就可以到达的：太阳光从光源——太阳——射到地球上人的眼里，要有一段时间。因此，我们可以提出这样一个问题：假如光是瞬时就可以到达的话，那么我们在什么时候就可以看到日出了呢?

我们知道，光从太阳到地球一直要跑8分钟。那么，如果光瞬息就可以到达的话，我们好像应该在8分钟以前，就是在4点52分就看到日出了。

我知道许多人听了会觉得很意外，但其实这个想法是不正确的。所谓日出只是我们地球表面上某一点从没有太阳光照到的地方转到了有太阳光照到的地方罢了。因此，即使光的传播是瞬时的，我们看见日出的时间，仍旧跟光的传播要花时间的情形完全相同，也就是说，仍旧是早上5点整[①]。

但是如果你是在观察（用望远镜）太阳边缘上什么凸起的部分（日珥），那又是另外一回事了。如果光的传播是瞬时的，你的确会比现在早8分钟就见到它。

① 假如把所谓“大气折射”的作用也计算在内，那么结果就更会出人意料。大气折射会使空气里光线的行进路线发生曲折，因此使我们看到日出的时候，要比太阳从地平线升起的时间更早。但是如果光的传播是瞬时的，就不可能有这种折射发生，因为折射只是由于各种不同介质里光速不同才产生的。没有折射，会使观察的人看到日出的时间比光的传播要花时间的情形更迟；这个差别的多少要看观测地点的纬度、空气温度和许多别的条件来决定，大约迟了2分钟到几昼夜或者更多（在极地上）。这样看来，我们会得到一个好像很奇怪的结论：我们在光的瞬时传播情况下（即无限快）看到的日出会晚于非瞬时光线传播下看到的日出！

第八章 光的反射和折射

8.1 隔着墙壁看得见东西

以前，人们用“X射线机”这个响亮的名字到处售卖一种有趣的器具。我还记得，当时我还是一个小学生，第一次拿到这个巧妙玩意儿时候的高兴的心情。这是一根管子，可以使你隔着不透明物体清楚看到后面的一切东西！我曾经用它不但隔着厚纸，还隔着真正的X射线都透不过的刀锋，看到了后面的东西。这个玩意儿构造上并不复杂，只要看一看图94，就可以明白。原来那个管子里装有四面呈45°倾斜的平面镜，把光线反射几次，这个光线就仿佛绕过了不透明的物体一般。

图94　假的X线机。

这一类东西在军事上得到了广泛的应用。战士们坐在战壕里，可以不必把头探出战壕外面就能够望到敌人，他们只要向一架叫做“潜望镜”的仪器里望去就得了（图95）。

光线从走进潜望镜折射到观察的人的眼睛，这一段路程越长，潜望镜所能够看到的视界就越小。要把潜望镜的视界放大，就得装置一连串的镜片。但是玻璃是会吸收一部分通过潜望镜的光线的，因此所望到的物体的清晰度会受到影响。这一点使潜望镜的高度受到一定的限制，最高只能够到20米左右；更高的潜望镜只能够有极小的视界和不清楚的景象，特别是在天气阴暗的时候。

潜水艇上的人员向他准备攻击的敌舰观测，也是使用潜望镜（图96）的——这是一根长长的管子，上端露在水面上。这种潜望镜要比陆地用的那种复杂得多，但是原理却完全相同。光线从装在潜望镜上端的平面镜（或三棱镜）反射过来，沿着管子向下，经过底部的平面镜反射以后，落到人的眼里。

图95　第一次世界大战的时候用的潜望镜。

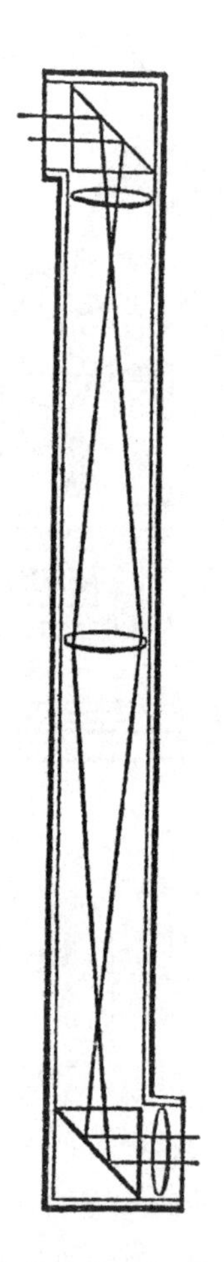

图96　潜水艇上用的潜望镜的构造。

8.2 传说中“被砍断的头颅”

这个所谓的“奇迹”经常在博物馆或是陈列馆的巡回展出中被展示。它肯定使很多人感到惊奇：你可以看到一张桌子上放着一个盘子，而在盘子中是一个活生生的人头！眼睛会动，会说话，会吃东西！而在桌子下面并没有躯干！虽然人们因为被障碍物隔开而不能靠近桌子，但是仍然可以清晰地看到桌子下面一片空空。

当我们不得不对这一奇迹表示信服的时候，其实只需要试着往空空的桌子下面扔一张揉皱的纸团，谜底就立刻可以解开了：纸团从……镜子上弹了回来！要不是这张永远也飞不到桌子下面的纸，我们可能都要被镜子的存在所蒙蔽，相信了刚才镜子里“人头”的表演了（图97）。

图97 “被砍断的头颅”。

要想使桌子下面的空间看起来是空的，只要在桌子腿之间放上镜子就可以了。当然，还必须保证镜子不能照到屋子里的其他东西和观众本身。这就是为什么对于这个表演来说，房间最好要是空的；墙面要是单一的样式；地板应该被装饰成一种颜色而不要有花纹；而观众要与镜子保持一定的距离。

这个所谓秘密好像有点可笑，但是我们其实还是没有搞清原理在哪，而只是直接知道了谜底。

有时魔术还可以做得更有效。魔术师一开始向大家展示一个空的桌子，上面下面什么都没有。然后舞台上出现了一个封闭的盒子，看起来里面装着没有躯干的头颅（而实际上盒子里完全是空的）。魔术师把盒子放到桌子上，这时前面遮起一道墙，墙撤去后，呈现在好奇的观众面前的就是传说中的人头了。读者们当然能够想到，在桌面上有一部分是空的。一个人在镜子的遮挡下坐在桌子下面，从桌面的洞里把头伸到没有底的盒子里。魔术师还有好多花招，我们这里就不一一列举了，读者们能够自己逐个解决的。

8.3 放在前面还是后面?

日常家庭生活里有不少的事情，许多人是在很不合理地做着的。我们前面已经说过，许多人不会使用冰来冷却食物——他们不知道应该把食物放到冰的下面，却把它放到冰的上面去。就连镜子这样普通的东西，到现在还不见得每个人都会正确使用。许多人照镜子的时候，总把灯放在身后，想“照亮镜子里面的像”，不知道要照亮的正是他自己！

许多妇女都是这样做的，我们这本书的女读者，无疑会是把灯放在前面的人。

8.4 镜子可以看得见吗?

这儿又是一个实例，说明我们对于普通镜子还不够认识：对于这一节的题目，就一定有许多人尽管每天都在看镜子，还是会回答得不正确的。

谁要是认为镜子是可以看得见的，那他就错了。一面光洁的极好的镜子是看不见的。能够看得见的只是镜框、玻璃的边缘以及一切映在镜里的像——但是镜子本身，只要它没有污点，是看不见的。一切有反射作用的表面——不是漫射的表面——本身都是看不见的。（所谓漫射的表面，是指把光线向各方面反射出去的表面。我们平常把反射表面叫做磨光面，漫射表面叫做磨砂面。）

所有利用镜子所做出的表演或者观察——就像方才那两节所叙述的一样，都是根据镜子本身看不见的这个特性，看得见的只是镜子里反映的物体。

8.5 我们在镜子里看到了谁？

很多人会回答说："当然是自己了，我们在镜子里呈现的影像是对自己的最准确的复制，在一切细节上都分毫不差。"

但是应该相信这种相似吗？比如你的右脸上有颗痣，但是的你镜子里的右脸却是干净的。倒是镜子里的左脸上有了一粒在真正的左脸上没有的斑点。你向左拨动你的头发，镜子里的人却向右拨；你把你的右眉毛抬高，镜子里的右眉毛却比左眉毛更低了；你在坎肩的右兜上放了一块表，然后把记事本放在西装左兜里。你镜子里的"兄弟"与你有着相反的习惯：表放在坎肩左兜而记事本却放在西装右兜里。如果你观察镜子里钟表的表盘，会发现你从未看到过的景象：数字（原文指罗马数字）的位置与次序都是很奇怪的（图98）。比如数字8会出现在12的位置上，12会完全消失，而6后面跟着的反倒是5……等等。除此之外，镜子里指针的移动方向也与平时完全相反。

图98 你在镜子里可以看到这块表的镜像。

最终你会发现，你镜子里的“兄弟”有一些你怎么也不能习惯的生理缺陷——他是个左撇子。他写字、缝衣服、吃饭都是用左手，你要想跟他问个好的话，他会把左手伸给你。

很难确定你的“兄弟”是否是个“文盲”，但至少不是个正常的有文化的人。你要是从书上抄写一段话下来，会发现他也用左手写下了一行歪歪扭扭的东西。

就是这样一个人被认为与你极其相似！你真的想靠他外表的形状来判断你自己吗?

如果你看着镜子以为那个就是你自己，到头来你就会糊涂。大多数人的脸、躯干和衣服都不是完全对称的（尽管我们通常都这样认为）：右边的一半并不与左边一半完全相同，你右边一半的特点到了镜子里就会跑到左边去，你面前的这个身影与你真实的样子大相径庭。

8.6 在镜子前面画图

镜里的像跟原物不相同，从下面的实验里更可以显著地看出来（图99）。

在你面前竖直地放一面镜子，在镜子前面的桌子上铺一张纸，请你在这张纸上画一个随便什么图，比方说画一个长方形和一条对角线。但是画的时候眼睛不许望着手，只许看着镜子里的手的像。

你一定就会发觉，本来是非常简单的一个题目，竟简直没有法子交卷。多年来，我们的视觉已经跟动作的感觉得到了协调，但是镜子破坏了这种协调，因为它把我们手部的动作变了样。我们多年的习惯要对你每一个动作抗议，你想把一条直线画向右面去，但是你的手却要向左边移去，等等。

假如你在镜子前面画的不是那么简单的图，而是比较复杂的图，或者是写些什么东西，那么，只要你的眼睛是向镜里的像看着画的，就会更加出你意外，得到的会是一幅非常可笑的混乱的图画！

吸墨纸上吸印的字，也是反转的。试把一张吸墨纸上吸印到的字迹

图99 在镜子前面画图。

一一读出来。我相信你会觉得很困难；所有的字都跟平常的不同。但是，试把一面镜子直竖在这吸墨纸前面，你就可以看到镜子里的字迹跟平常的完全一样了。是镜子把吸墨纸从普通字迹上印到的反转的字迹又反了一次。

8.7 捷径

我们都知道，光在同一种介质里的传播是依直线进行的，也就是说是依最近的路径进行的。但是，当光从一点射出不是直接射到另一点，而是经过镜面的反射射到另一点的时候，光也仍旧是依最短的路径进行的。

让我们跟着光的路径看去。假设图100上*A*点表示光源，*MN*线表示镜面，*ABC*线表示光从蜡烛到人的眼睛*C*的路径。直线*KB*跟*MN*垂直。

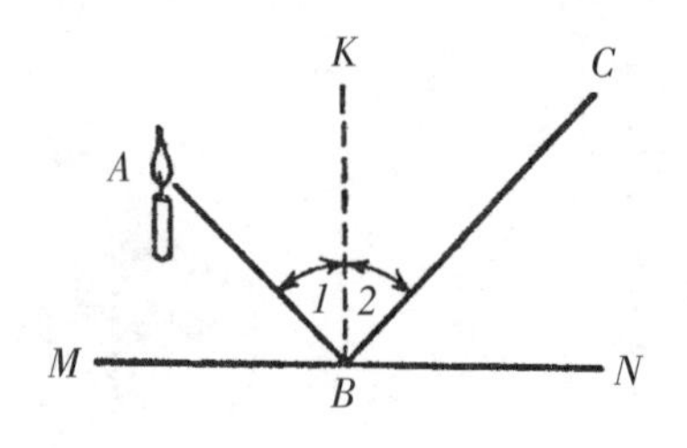

图100　反射角∠2等于入射角∠1。

根据光学的定律，反射角∠2等于入射角∠1。知道了这一点，就很容易证明从A点到镜面再到C点的所有可能走的路线里，ABC是最短的一条。我们可以把光线的路径ABC跟另外一条路径比如ADC（图101）来比较一下。从A点向MN作一垂线AE，把它延长到跟CB线的延长线相交于F。然后把F、D两点用直线连接起来。首先让我们证明△ABE和△FBE全等。这两个三角形都是直角三角形，而且有公共的直角边EB；此外，∠EFB和∠EAB相等，因为它们分别跟∠2和∠1相等；这样就证明了两个三角形△ABE和△FBE全等。于是得到$AB=FB$，$AE=FE$。现在再来看两个直角三角形△ADE和△FDE，它们有公共的直角边ED，上面又已经证明$AE=FE$，所以两个三角形△ADE和△FDE也全等。因此，AD和FD也自然相等。

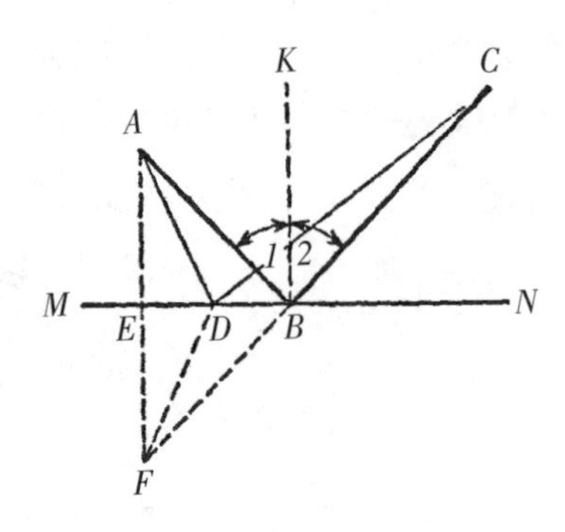

图101　光线经过反射以后仍旧走最近的路径。

这样一来，我们可以把路线ABC用跟它相等的路线FBC来代替（因为$AB=FB$），把路线ADC用路线FDC来代替。把这两条路线FBC跟FDC比较，可见直线FBC要比折线FDC短。因此，路线ABC要比ADC短，而这正是我们需要证明的！

无论D点在什么地方，只要反射角等于入射角，路线ABC总比路线ADC短。这样，光线在光源、镜子和人的眼睛之间进行，果然是选择所有可能的路线里最短的一条。这一点，还在公元2世纪时候就由希腊的机械师和数学家亚历山大城的希罗指出了。

8.8 乌鸦的飞行路线

学会了在上述一类情况下选择最短的路线，你就可以用来解答一些要动脑筋的问题。下面是这类题目里的一个。

在一棵树上歇着一只乌鸦，地上撒着许多谷粒。乌鸦从树上飞到地上，衔了一粒谷粒，飞到对面的栅栏上。问：乌鸦应当在什么地方衔取谷粒，才能够使它飞最短的路（图102）？

图102　乌鸦的题目。请找出它飞到栅栏的最短路线。

这个题目跟方才那一个完全相像。因此不难立刻得出正确的答案来：这只乌鸦应当模仿光线，也就是说，它应当使∠1等于∠2（图103）。我们前面已经看到，这样的路线是最短的。

图103　乌鸦的题目的答案。

8.9　关于万花镜的新旧材料

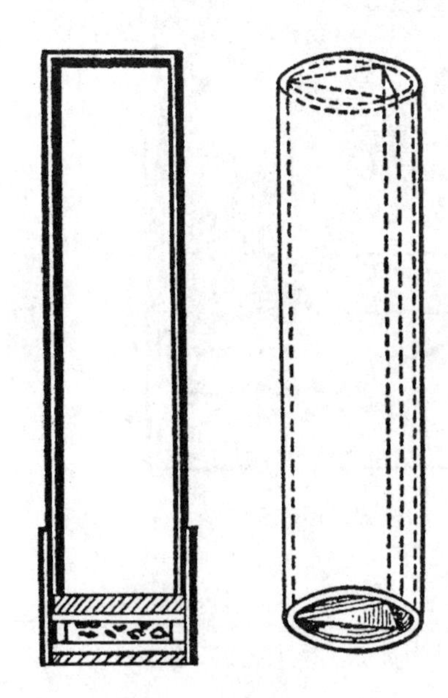

图104　万花镜。

大家都知道有一种玩具，叫做万花镜（图104），这东西里面的一些各种形状的碎片，经过几块平面镜反射以后，会形成美丽的图案；而且，只要把万花镜略一转动，就会有各种不同的图案出现。万花镜虽然这样普通，但是还很少有人知道，一只万花镜究竟能够变出多少种图案来。假定你手里有一只万花镜，里面有20块玻璃碎片，而且你在每分钟里把这万花镜转动10次。要把这只万花镜里的一切花样全部看完，需要多少时间呢？

对于这个问题，即使是想象力最

丰富的人也不可能猜到它的正确答案。为了使躲藏在这只小玩意儿里的一切变化全部变化完毕，恐怕要等到海枯石烂以后了。

万花镜的无穷尽的各种各样的变化，早就引起了装饰艺术家的注意。这些艺术家虽然有丰富的想象能力，但跟万花镜无穷尽的发明天才来比，还是差得很远。万花镜可以立刻就创造出惊人美观的图案，可以给墙纸或织造品提供很好的新图样。

在今天，万花镜这玩意儿，大概已经不再在群众中间引起很大的兴趣了，但是在一百多年前，当它还是一个新鲜玩意儿的时候，却引起了广大群众对它的爱好。人们纷纷用散文或诗句来颂扬它。

在俄国，万花镜最初出现的时候，就曾经受到赞赏和欢迎。寓言作家伊兹迈依洛夫在1818年7月出版的《善意者》杂志上有一篇文章，就是讲到万花镜的，他说：

我看到了关于万花镜的广告，就想法弄到了这个奇妙的玩意儿——
我向里面望去——是什么呈现在我眼前？
在各种花样和星形的图案里面，
我看到了青玉、红玉和黄玉，
还有金刚钻，还有绿柱玉，
也有紫水晶，也有玛瑙，
也有珍珠——一下子我都看到！
我只用手转一个方向，
眼前又是新的花样！

其实，不但是诗，就是用散文，也不可能把你在万花镜里所看到的美景都描写出来。万花镜里的图案，只要你手动一下，就立刻会变换，而且个个不同。是多么美丽的图案呀！假如能够把它们绣到布上，该多么好呀！但是往哪儿找这么鲜艳的丝线呢？这真是消遣的好事情，看万花镜真要比做无聊的游戏好多了。

据说万花镜在17世纪就已经发明了。不久之前它重新盛行起来，而且经过改进。一位法国富人花了20,000法郎定制了一面万花镜。他叫匠人把最贵重的宝石放到万花镜里去。

接着这位寓言作家讲了一个关于万花镜的有趣的笑话，最后他用一种在当时落后的农奴时代特有的忧郁语调，结束了他的文章：

制造优等光学仪器出名的皇家物理学家和机械师罗斯披尼造出的万花镜每只要20卢布。无疑地，喜欢这玩意儿的人要比喜欢他的理化讲座的人更多，遗憾和奇怪的是，这位好心肠的罗斯披尼先生竟没有从他的理化讲座上得到过什么好处。

万花镜在很长一段时期里只是当做一种有趣的玩具。只有在今天，它才给用来画制图案。不久以前发明了一种仪器，可以用来拍出万花镜图案的照片，于是就可以利用机械想出各种可能的花样了。

8.10 迷宫和幻宫

假如你变成了万花镜里的小玻璃块，那时候你会有些什么样的感觉？这是可以用实验的方法来让你体验的。1900年在巴黎举行的世界博览会里，观众就曾经有过这个机会——博览会里有一座“迷宫”，实际上就是一面大万花镜，只是不会动罢了。这是一座六角大厅，大厅的每面墙壁都装着一面极端光洁的大镜子，大厅的各个角上都装着柱子，墙上有檐板跟天花板相连。观众走进这座大厅里，就会觉得自己是在不知道多少座大厅和柱子中间的不知道多少个跟自己一模一样的人群里；这些大厅和人四面八方包围着他，一直伸展到他目力看不清的地方。

图105上画着横线的那6个大厅，是原来大厅经过一次反射以后所产生的像。在二次反射以后，得到的像画着竖线，就是又产生了12个大厅。第三次反射的结果，又添了18个大厅（画着斜线）。每反射一次，大厅的数目也就跟着增加，它的总数要由镜子磨光的光洁程度和两面相对的镜子平行的准确程度来决定。一般来说，大厅的第12次反射还可以辨别得出，这就是说，在大厅里能够看到468个大厅。

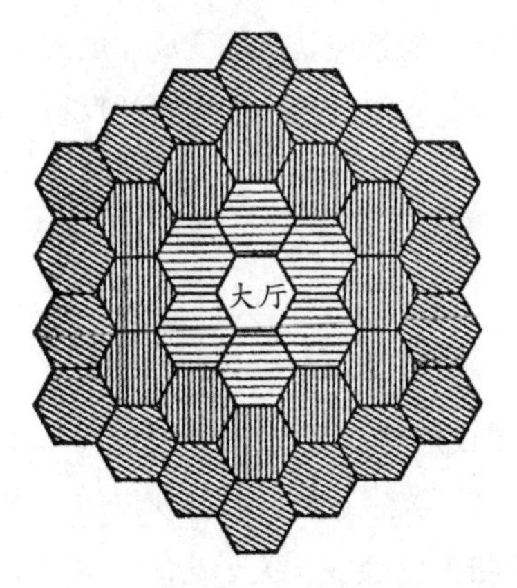

图105　中央大厅的墙壁上三次反射以后，就有了36个大厅。

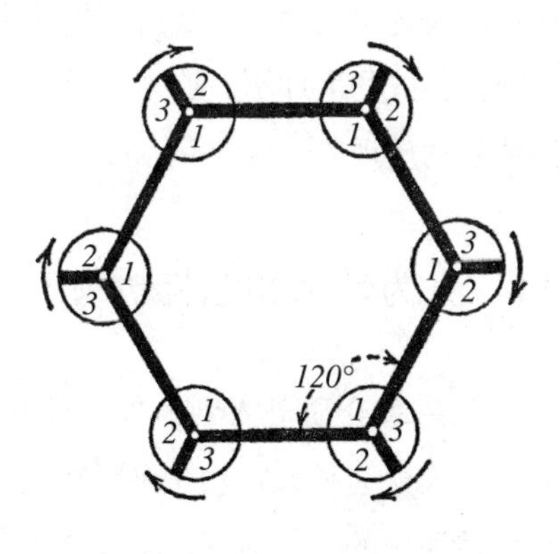

图106　“幻宫”构造的简图。

造成这种景象的原因，凡是懂得光的反射的人，一定都会明白：这座大厅里有平行的镜子3对和不平行的镜子12对，因此，它们可以有这许多次反射，是一点也不奇怪的。

巴黎博览会里还有一座所谓“幻宫”，在这里面可以看到更奇妙的光学现象。这座“宫”的设计人除了设计出多次反射以外，还使它能够在瞬息之间改变全部景象。他们仿佛造出了一面活动的大万花镜，把参观的人装在里面。

这座“宫”里景象的变换是这样的：每块镜子做的墙壁在离墙角不远的地方竖直割裂，这样得到的墙角能够绕着柱子里的轴旋转。图106上可以看到，可以用∠1，∠2，∠3三个墙角变出三种变化来。假定∠1夹着热带森林的布景，∠2夹着阿拉伯式大厅的装饰，∠3夹着印度庙宇的装饰（图107）。那么，只

图107　“幻宫”的秘密。

要转动墙角的机关动一下，大厅里热带森林的景象就突然变成印度的庙宇或者阿拉伯式的大厅了。原来这里全部的秘密就只是根据光线的反射这么个简单的物理现象。

8.11 光为什么和怎样折射？

光从一种介质进入到另外一种介质的时候，它的进路会曲折，这一点有许多人认为是大自然在耍脾气。真的，光在进到新的介质以后，为什么不保持原来的方向前进，却选择了曲折的路径呢？关于这件事情，如果用军队在容易走和不容易走的地面交界的地方行进的情形来做比喻，就会完全明白了。下面是著名的天文学家和物理学家赫歇耳关于这个问题所说的话：

请设想有一队兵士正在行进，那里的地面有一段是平坦容易走的，有一段是高低不平不容易走的，因此走起来就不可能太快。两段地面的分界线，恰好是一条直线。现在，再设想这队兵士的队伍正面跟这条分界线成某一个角度，因此同一横排的兵士到达这条直线不会在同一时间，而是有迟早的不同。每个兵士一跨过分界线走上不平的地带，就不可能走得像以前那么快，因此，也就不可能再跟那些还没有跨过分界线的同一排兵士保持在一条直线上前进，而慢慢地落后了。这时候假如兵士不走乱队伍，仍旧依着队形前进，那跨过了分界线的部分不可避免地要落到其余部分的后面，因此在跟分界线相交的点上曲折成一个钝角。又因为每个兵士一定要合着节拍踏着步子前进，也不能够抢先，每个兵士就自然会依着跟新的队伍的正面成直角的方向前进，因此每个兵士越过分界线以后所走的路径，第一，会跟新的队伍正面相垂直；第二，路程的长短和在平坦地面上在同一时间里面能够走的路程长短的比，恰好跟新的行进速度和旧的行进速度的比相等。

我们不难应用手头现成的东西，在桌子上做一个小实验。把桌面的一半用台布盖好（图108），然后，使桌子略略倾斜，把一对装牢在一根轴上的小轮子（例如可以从损坏了的玩具汽车上拆下来）放在高的一头让它滚下去。假如轮子滚动的方向跟台布的边恰好成直角的话，那么它滚动的路径是不会发生曲折的。这表示了光学里的一条定律，就是垂直射向不同介质分界面的光线，是不发生曲折的。但是，如果轮子的滚动方向跟台布的边缘成某一个角度的偏斜，轮子滚动的路径就要在这个边缘上发生曲折，也就是说在行进速度不同的介质的边缘上发生曲折。这里我们不难发现，当轮子从滚动速度比较大的那一部分桌面（没有桌布的部分）滚到滚动速度比较小的那一部分桌面（有桌布的部分）的时候，它的路径的方向是折近界线的垂线或者所谓“法线”的。在相反的情形，就要折离这法线。

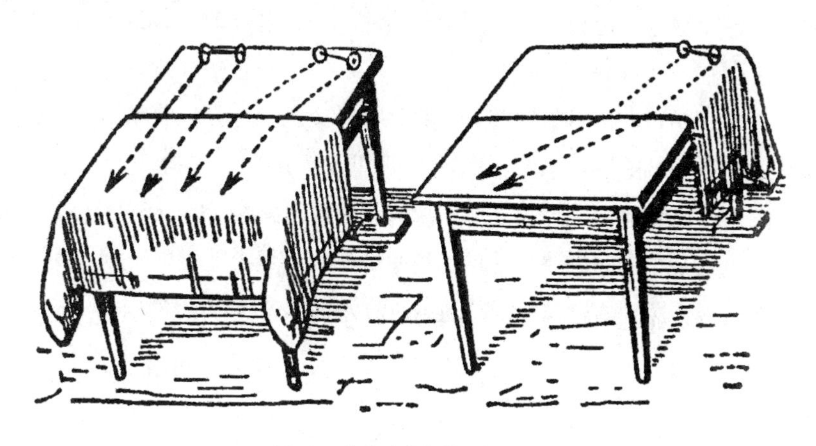

图108　解释光的折射的实验。

从这里我们不难看出，光的折射是在两种介质里光的行进速度不同这一个基础上产生的。这速度上的差别越大，那么折射的程度也越大；表示光的折射程度的所谓“折射率”，就是这两个速度的比值。你知道光从空气进到水里的折射率是4：3，那你同时就可以知道光在空气里行进的速度，等于在水里的$1\frac{1}{3}$倍。

这里还可以看到光的传播的另一个特性。如果说光线反射的时候是依最短的路径行进的，那么在折射的时候是取最快的路径的：除了这一条折射路线之外，没有一个别的方向可能使光线这么快到达它的“目的地”。

8.12 什么时候走长的路比短的路更快？

那么，难道说走曲折的路径比走直线能够更快地到达目的地吗？是的，如果全程各段的行进速度不一样，那情形的确是这样。

举例来说，假定有一个人住在两个火车站之间，而离一个火车站很近。他想尽快走到比较远的那个车站上去，他会骑马向反方向走到比较近的车站，在那里搭上火车到他的目的地去。从他的村庄到他的目的地，如果一直骑马前去，走的路会近一些，但是他宁愿骑马搭火车走一段比较长的路，原因是这样走会比较快到达目的地。在这里，走长的路就比走短的路更快。

现在不妨再花一分钟时间看一看另外一个例子。一位骑马的通讯员，要从A点把一份报告送到C点的司令官那里（图109）。在他和司令官帐幕之间隔着一片沙地和一片大草地，沙地和草地的分界线是一条直线EF。马在沙地里走是很困难的，这儿的速度只等于在草地上速度的一半。问：为了尽快把报告送到，这位骑马的通讯员应该选择怎么样的路线？

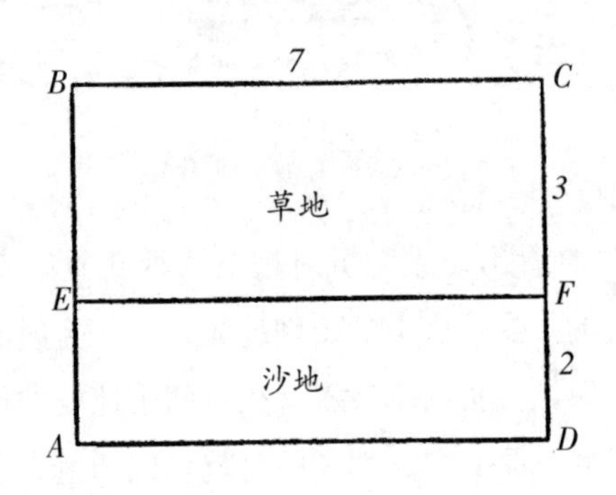

图109　通讯员的题目。求从A到C最快到达的路径。

初看最快的路径自然应当是从A到C的直线。但这是完全错误的，而且我也不相信会有走这条路径的通讯员。沙地上难走他是明白的，这使他正确地考虑到难走的沙路应该越短越好，就是越过这沙地的路线应该越斜得少越好；当然，这样做会加长了越过草地上的路；但是在草地上可以走得比较快，速度等于沙地的两倍，因此路长一些也还是有利的，使得全程可以在较短时间里走完。换句话说，他走的路线应该在沙地和草地的分界线上折曲，使草原上所走的路线跟分界线的垂线所呈的角，比沙地上所走的路线跟这垂线所呈的角大。

懂几何学的人，可以用勾股弦定理算出直线AC果然不是最快的路线，如果照我们这里图上所画的尺寸来说，假定我们沿AEC折线行进的话（图110），可以更快到达目的地。

图109上注明，沙地阔2千米，草地阔3千米，BC长7千米。于是按照勾股定理，AC的全长（图110）就是

$$\sqrt{5^2+7^2}=\sqrt{74}=8.60\text{千米。}$$

里面AN部分是沙地上所走的路，这段路很容易看出是等于全长的40%，就是等于3.44千米。由于沙地上行进速度只等于草地上的一半，3.44千米的沙路就得花上草地上走6.88千米的时间。因此，走完全长8.60千米的AC直线的路程所要花的时间，等于在草地上走12.04千米所花的时间。

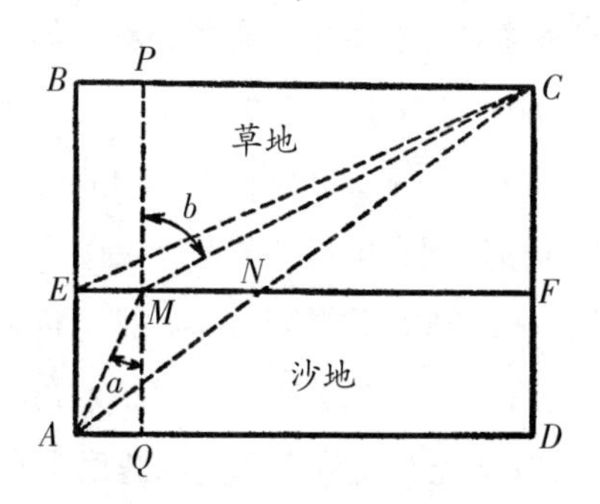

图110　通讯员题目的答案。最快的路径是*AMC*。

现在我们给折线路程AEC也来做一次同样的计算。折线的AE部分是2千米，所花的时间等于在草地上走4千米的时间；EC部分呢，$EC=\sqrt{3^2+7^2}=\sqrt{58}=7.61$千米。总加起来，走完$AEC$折线，所花的时间相

当于在草地上走4+7.61=11.61千米。

照这样说，看起来比较“短”的直路，实际上相当于在草地上走12.04千米，而比较“长”的折线路却一共相当于在草地上走11.61千米。你看，比较“长”的路竟要比那比较“短”的路近12.04－11.61=0.43千米，就是大约近半千米！我们这里还没有指出最快的路线。理论告诉我们，最快的路线应该是（这儿得找三角学来帮忙了）使b角的正弦跟a角的正弦间的比（$\sin b : \sin a$）等于草地上速度跟沙地上速度间的比，就是2：1。换句话说，要选最快的路线，一定要使$\sin b$等于$\sin a$的两倍。这样跨过分界线的M点，应该离E一千米。

那时候

$$\sin b=\frac{6}{\sqrt{3^2+6^2}}\text{，而}\sin a=\frac{1}{\sqrt{1^2+2^2}}\text{，}$$

$\sin b$和$\sin a$的比是：

$$\frac{\sin b}{\sin a}=\frac{6}{\sqrt{45}} : \frac{1}{\sqrt{5}}=\frac{6}{3\sqrt{5}} : \frac{1}{\sqrt{5}}=2\text{，}$$

就是恰好等于两个速度的比。

那么，这全部路程换算作在草地上走的路程，等于多长呢？试演算一下：$AM=\sqrt{2^2+1^2}$，这相当于在草地上走4.47千米，$MC=\sqrt{3^2+6^2}=6.70$千米。全程长4.47+6.70=11.17千米，就是要比直线路程短0.87千米，因为我们已经知道那直线路程的长度是相当于草地上12.04千米的。

这儿你可以看见，在本题所说的条件下，把行进路线曲折是比依直线走更有利的。光线就正是选择了这样的捷径，折射角的正弦跟入射角正弦的比（图111），恰好等于光在新的介质里的速度跟它在原来的介质里的速度的比；从另一方面来说，这个比值就是光在这两种介质间的折射率。

把光的反射和折射的定律结合到一起，我们就可以说光线在不管什么情形下都是依最快的路径行进的，这在物理学上就叫“最快到达的原理”（费马原理）。

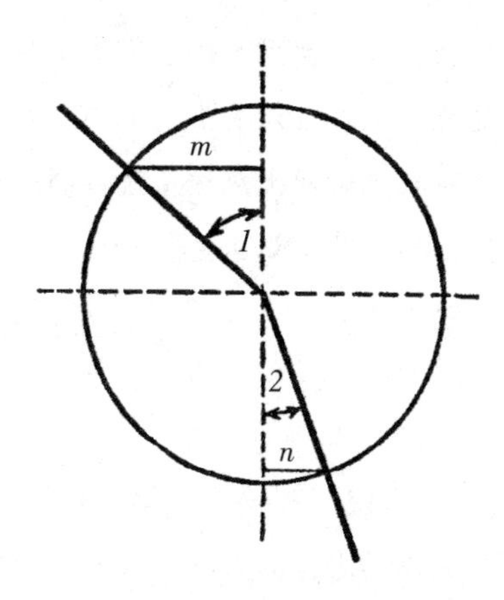

图111　什么叫做“正弦”？线段m和半径的比就是∠1的正弦；线段n和半径的比就是∠2的正弦。

假如介质不是均匀的，它的折射能力是逐渐改变的，例如在大气里——在这种情形下，仍旧是合于最快到达的原理的。这可以解释从天体来的光线在大气里稍微折射的现象，这种折射天文学家叫“大气折射”。大气的密度是向下层逐渐加大的，在这样的大气里，光线的折射路线是凹向地面的，这样光线在上层空气里走的时间比较久，因为那里它可以走得更快些，而在不容易走快的下层里走的时间比较短；结果它就会比沿直线路径更快地到达目的地。

最快到达的原理（费马原理）不只在光的现象适用，对于声的传播以及一切波动也完全适用，不管波动是属于哪一种类的。

读者一定很想知道，波动的这种特性是怎样解释的。这种特性在最近的物理学理论上起了很大的作用。因此我把现代物理学家薛定谔对于这一点的解释[①]介绍在下面。

从方才谈的兵士行进的例子出发，而且假定光线是在密度逐渐改变的介质里行进，现代物理学家说：

假定兵士都握着一根长杆子，使得队伍的正面能够保持整齐。现在司令员下令用全速跑步前进！假如地面的情形是逐渐改变的，比方说，起初

① 在斯德哥尔摩接受诺贝尔奖奖金时宣读的报告（1933年）。

队伍的右翼移动得比较快，以后左翼才跟了上去——这样队伍的正面就自然而然会转了过去。这里我们就可以看出，他们所走的路径就不是直线而是曲折的了。至于这条路径在时间上应该是最快到达目的地这一点，那是很明显的，因为每个兵士都是用最大速度在跑的。

8.13 新鲁滨孙

儒勒·凡尔纳的一部小说《神秘岛》里，讲到几个主角在那荒无人烟的地方没有火柴和打火器是怎样取火的。我们知道鲁滨孙是靠闪电帮忙的，靠闪电燃着了一棵树木，——《神秘岛》里的新鲁滨孙，却不是靠偶然的外界帮助来取火。而是靠那位博学的工程师的机智和他对于物理学定律的渊博的知识。

你如果看过这部小说，大概还记得那位天真的水手潘克洛夫打猎回来的时候看见工程师和那位通讯记者坐在熊熊的火堆前面的那种惊奇情形。

“可是谁生的火呢？”水手问道。

“太阳。”史佩莱回答。

通讯记者并没有开玩笑。的确，使水手这样惊奇的火堆，竟是太阳生起来的。那水手惊奇得简直不能相信自己的眼睛，他惊讶得愣住了，甚至都没有想到问一声工程师。

“这么说，你大概带着放大镜吧？”水手终于向工程师问道。

“不，但是我做了一面。”

说着，他把这面放大镜指给水手看。这只是两块玻璃，是工程师从他自己和史佩莱的表上拿下来的表玻璃。他把两块玻璃对合起来，中间装满了水，用泥土把接合缝粘好，——于是就得到一面地道的放大镜，工程师用它把太阳光聚在干燥的地苔上，就取得了火。

我想，读者一定很想知道，为什么一定要在两块玻璃中间装满水。难道这两块表玻璃中间是空气就不能把太阳光聚集起来吗？

不错，的确是不可能聚集的。表玻璃的内外两个表面是平行的，是两个同心球面；但是我们已经从物理学上知道，光线射过这种平行表面的介质，是几乎不会改变它的方向的。接着这光线射过了另一块同样的玻璃，这里它也同样地不会折射，因此，通过这两块玻璃以后，光线并不会聚集到焦点上。要想使光线聚集到一点，一定要用一种透明的又能够使光线曲折得比在空气里大的物质装在这两块玻璃之间。儒勒·凡尔纳小说里那位工程师正是这样做的。

普通盛水的玻璃瓶，假如它是球形的，也可以用来取火。这件事情从前的人早就知道，他们并且注意到这时候瓶里的水仍旧是冷的。曾经发生过这样的事情，一只盛水的圆瓶放在打开着的窗口上，竟燃着了窗帘和台布，并且灼伤了桌面。从前药房橱窗里时常用装有颜色水的很大的圆瓶做装饰，这种瓶有时候竟会引起极大的灾害，使得附近容易燃烧的药品燃烧起来。

一只小圆瓶装满了水，可以把太阳光聚集来烧沸表玻璃上所盛的水：这只要用直径12厘米的圆瓶就可以了。如果用直径15厘米的圆瓶，在焦点[①]那里可以得到120℃的温度。用盛水的圆瓶来点香烟，就跟用玻璃透镜一样容易。关于用玻璃透镜来燃着烟草，还是罗蒙诺索夫就已经在他的一篇《谈玻璃的用处》的诗里有过这样的描写：

> 我们在这里用玻璃从太阳处取得了火焰，
> 愉快地学着普罗米修斯的榜样。
> 咒骂着那无稽谰言的卑劣，
> 用天火吸烟，哪里会有罪孽！

但是我们应该指出，这种水做成的透镜的取火作用是要比玻璃透镜弱得多的。这是因为：首先，光在水里的折射要比在玻璃里小得多；其次，水会吸收光线里极大部分的红外线，而红外线对于物体的加热是有重大作用的。因此我们可以用很简单的计算来证明，儒勒·凡尔纳那部小说里所

① 这里的焦点是离圆瓶极近的。

提到的那个聪明的取火方法，其实是并不可靠的。

有趣的是，这种玻璃透镜的特性，古代的希腊人早就知道了，那还是在眼镜和望远镜发明以前的一千多年呢。这件事情，希腊喜剧诗人亚理斯·多芬尼斯（前448~前380）在著名的喜剧《云》里就曾经提到过。在那个喜剧里，索克拉特向斯特列普吉亚德提出了一个问题：如果有人写了一张债券，说你欠他五个塔兰特[①]，你要怎样去把它消灭呢？

斯：我想到一个消灭这张债券的方法了，而且是这么好的一个方法，你得承认它是再奇妙不过的了！你一定看见过药房里用来燃着东西的那种精致而透明的东西吧？

索：就是那个"取火玻璃"吗？

斯：正是。

索：那就怎么样呢？

斯：等公证人写的时候，我把这东西放到他身后，把太阳光射过去，把所有文字全给烧掉……

为了帮助读者理解，让我提醒大家，亚理斯·多芬尼斯时代的希腊人是在涂蜡的木板上写字的，这种蜡碰到热就会熔化。

8.14 怎样用冰来取火？

其实，就是冰块也可以用来做制造透镜的材料，因此也就可以用来取火，只要它相当透明就行。冰在折射光线的时候，本身并不烧热和融解，它的折射率只比水略低一些，因此，我们既然能够用盛水的圆瓶取火，也就一定可以用冰块透镜来取火。

冰制的透镜在儒勒·凡尔纳的《哈特拉斯船长历险记》那部小说里起过很大的作用。当这批旅行家失落了他们的打火器、在-48℃的极冷天得不到火的时候，克劳波尼博士正是用这个方法燃着火堆的。

① 古货币名。

“这简直太不幸了。”哈特拉斯向博士说。

“是的。”博士回答。

“我们连一个望远镜都没有，如果有望远镜，倒可以把透镜拿下来取火了。”

图112　博士把太阳光聚集到火绒上。

“是呀，”博士回答说，“可是真太遗憾了，我们竟没有这个东西；太阳光倒相当强烈，有了透镜是一定能够烧着火绒的。”

“怎么办呢，我们只好吃生的熊肉充饥了。”哈特拉斯说。

“是的，”博士沉思地说，“必要时只好这样。但是我们为什么不……”

“你想出了什么办法？”哈特拉斯好奇地问。

“我有了这么一个念头……”

“一个念头？”水手长叫了起来。“只要你一有了念头，我们就得救了！”

“但是不知道能不能成功。”博士犹疑不定地说。

“你到底想出了什么办法？”哈特拉斯问道。

“我们不是没有透镜吗？我们要把它造出来。”

“怎样造法？”水手长感兴趣地说。

“用冰块来造。”

“难道你真要……”

“为什么不呢？我们需要的不过是使太阳光聚集到一点，这用冰块跟用最好的水晶一样有效。但是我要选用一块淡水的冰块，它比较坚实也比较透明。”

“如果我没有弄错，这块冰块，”水手长指着一百步外的一块冰块说，“从它的颜色来看，应当恰好是你需要的那种。”

“你说得很对。请你带着斧头。走呀，朋友们。”

三个人一同向那块冰块走去。果然，那块冰块是淡水凝结成的。

博士下令砍下一大块冰来，这冰的直径大约有一英尺大小，他们先用斧头把它砍平，然后用小刀精修，最后用手把它磨光，这样果然成功了一块透明的透镜，仿佛用最好的水晶做成的一般。太阳那时候还很明亮。博士拿着这块冰迎着阳光，把太阳光聚集到火绒上。几秒钟以后，火绒就燃着了。

儒勒·凡尔纳的这个故事并不完全是幻想的，用冰制的透镜来燃着木料的实验，早在1763年英国人就做成功了，当时用的冰块透镜是极大的。从那时候起，人们做过许多次实验，都得到良好的成绩。当然，要用斧头、小刀和手（还是在-48℃的严寒天气！）想做出一块透明的冰块透镜是很困难的——但是也可以用一个很简单的方法来做这种冰块透镜：把水加到有合适形状的碟子里（图113），让它结冰，然后把碟子略热一下，便可以把做好的透镜拿出来了。

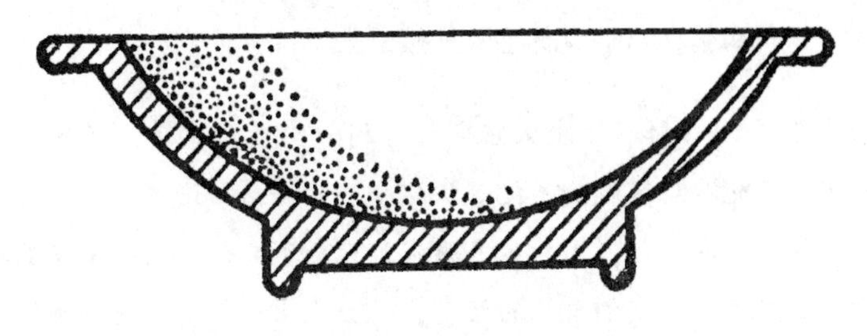

图113 做冰块透镜用的碟子。

做这个实验的时候，一定要选晴朗而严寒的天气，在露天里做，不要在房间里面隔着窗玻璃来做，因为玻璃会吸收太阳光里的大部分热能，留下来的热会不够引起燃烧的。

8.15 请太阳光来帮忙

请再做一个同样简单的在冬天很容易做的实验。在有阳光照射的雪面上，放两块同样大小的布——一块白色，一块黑色。过了一两个小时去看，你会发现黑布低陷进雪里去了，但是白的一块仍旧留在雪面上。这个区别的解释很简单：黑布底下的雪要融化得快些，因为黑布吸收了射在它上面的太阳光的大部分热能；白的那一块呢，却刚刚相反，它把太阳光的大部分反射出去，因此，它所受到的热没有黑布那样多。

对于这个有意思的实验，美国的著名政治家、物理学家富兰克林有过下面一段描写：

我在缝工那里拿了几块各种颜色的方形的布片，有黑色的、暗蓝色的、亮蓝色的、绿色的、紫色的、红色的、白色的以及许多别的颜色的。在一个有太阳的早晨，我把这些布片都放到雪上。几小时以后，受热最多的那块黑布深深地陷到雪里去，甚至陷到太阳光已经射不到那样深；暗蓝色那块也陷到雪里，差不多跟黑色的相同；鲜蓝色的陷进的少得多；其余各块布片，颜色越鲜明的陷下得就越少。至于白色那一块，仍旧留在原来的雪面上，根本没有陷下去。

对于这件事情，富兰克林感叹地接下去说：

一个理论，假如不可能从它那里得到一些好处的话，那么这个理论还有什么意义呢？难道我们不能够从这个实验得出结论说，在热天穿黑色的衣服不如穿白色合宜，因为黑衣服在日光底下会使我们的身体受到比较多的热，如果再加上我们自己的活动，也会生出热来，会使得我们身体觉得太热吗？难道男女在夏天戴的帽子不应该用白颜色，以免太热了会引起中暑？……还有，涂黑了的墙壁难道不能够在整个白天里吸收足够的太阳热，以便在夜里仍旧保有某种程度的热量，保护水果不会冻坏吗？难道细心地观察的人不能够发现别的多多少少有价值的小问题吗？

这些结论和应用有什么意义，可以从1903年“高斯”号轮船到南极去探险的实际例子里找到答案。这艘轮船冻结在冰里了，一切用来帮助它解脱这个困难处境的方法都没有用。人们用了炸药和锯子，但是也只能够打开几百立方米的冰。那船却仍旧不能够恢复自由。后来人们只好试一试请太阳光来帮忙：人们用黑灰和煤屑在冰面上铺了2千米长、10米宽的一大片，从轮船边上铺起，一直铺到冰的最近一条宽裂缝上。那时候正好是南极的夏天，连续许多天都是好天气——于是，太阳光竟做了炸药和锯子所做不到的工作。冰逐渐融解开来，沿着黑色的那一带破裂了，这艘轮船就此脱离了冰的羁绊。

8.16 几种“海市蜃楼”

大家一定都知道海市蜃楼这个现象的发生原因。在沙漠里沙地受到炎热太阳的晒炙，接近沙面的热空气层比上层空气的密度小，这就使它有了跟镜子一样的作用。从很远的物体射来的倾斜光线，在射到这些空气层之后，会把行进的路线曲折起来，使得它射到地面以后会再从地面折射向上，射到观察的人的眼里，就好像用极大的入射角从镜面反射出来的情形一般。观察的人因此就好像看到在他面前的沙漠里展开了一片水面，反映着岸边的景物（图114）。

图114　沙漠里的海市蜃楼是怎样形成的。这幅图是教科书里时常采用的，但是它有点过分夸大，把光线的路径画得过分陡直了。

说得更准确些，我们应该说靠近炙热沙面的热空气层，反射光线的情形不是像镜子，而是更像从水底望去的水面。在这里，产生的不是普通的反射，而是物理学上叫做“全反射”的那种。要得到全反射，应该使光线极斜地射进这层空气层——要比图114所画的斜得多；否则入射角就不会超过“临界角”，因此就不可能得到全反射。

顺便让我们提出这个理论里容易使人误会的一点：照方才所说的那个解释，密度比较大的空气层应该在密度比较小的空气层之上。但是我们同时知道，密度比较大的也就是比较重的空气总要向下落，把它底下密度比较小的空气挤到上面去。那么，又怎么能够使密度比较大的空气层留在上面，来形成海市蜃楼的现象呢？

答案非常简单，我们要密度比较大的空气层在上面，虽然在稳定的空气里是不会有的，但是在流动的空气里却是可能的。给地面炙热的空气固然不会停留在地面上，它要不断地向上升起，但是立刻就有一层空气来补空，这一层空气接着也受到炙热，就又变成了热空气。这样不断地替换着，在炙热的沙面上就总会有一层密度比较小的空气层——虽然不老是那一层，但是这对于光线的行进是无所谓的。

我们方才谈的这种海市蜃楼，人们很早就已经知道了。这种海市蜃楼在现代的气象学上叫做“下现蜃景”（另外还有“上现蜃景”是由上层空气稀薄发生反射作用形成的）。许多人认为这种古人早已知道的海市蜃楼只能够在南方沙漠的炎热空气里出现，在北方是绝对不会有的。但是事实上下现蜃景也时常会在我们这里发现。这种现象特别是在夏天的柏油马路上时常有发现，因为这些路面的颜色比较深，所以受到太阳光的强烈炙热。这样一来粗糙的路面看过去竟会像淋过水般的光滑，会反映出很远的物体。这种“海市蜃楼”的光线行进路径如图115所示。只要你能够留心些，这种现象是时常可以看到的，并不像你想象的那样难得。

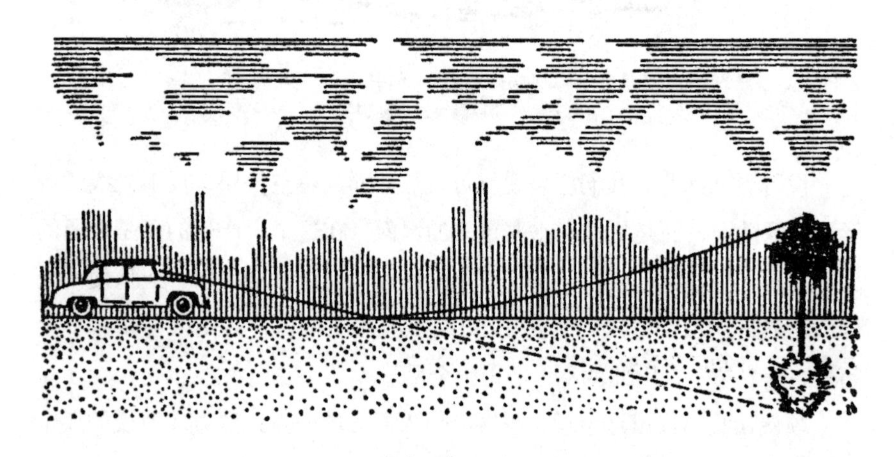

图115　柏油马路上的海市蜃楼。

还有一种，是侧面的海市蜃楼就叫做“侧现蜃景”，这种海市蜃楼的存在，一般人恐怕连想都没有想到。其实这就是竖直的墙壁被炙热以后的反射现象。这个现象曾经有一位作家写出来过。这位作家在走近一个炮台堡垒的时候，发现堡垒的混凝土墙壁突然亮了起来，跟镜子一样反映出四周的景物、地面和天空。再走了几步，他又在堡垒的另外一堵墙壁上发现了同样情形，就仿佛那灰色不平的墙壁突然变成了打磨得十分光滑似的。原来那一天天气非常热，墙壁被炙得滚烫——这就是这个谜的解答。图116表示堡垒两堵墙壁（F和F'）的位置和观察的人的位置（A和A'）。原

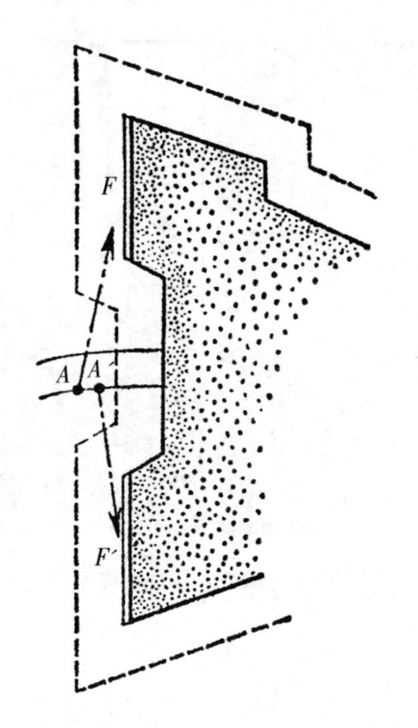

图116　发现海市蜃楼的堡垒墙壁平面图：从A点看墙壁F就像一面镜子，从A'点看墙壁F'也像一面镜子。

来墙壁被太阳炙得相当热，也会使你看到海市蜃楼的。这个现象并且能够用照相机拍摄出来。

图117表示堡垒的墙壁F，起先是粗糙不平的（左），后来亮了起来（右），就像镜子一样（这是从A点拍摄的）。左面的照片上是一堵普通的灰色混凝土墙壁，那里自然没有反射现象发生，不可能把附近的两个人形反映出来。右面那幅照片呢，表示的仍旧是方才那堵墙壁，只是它的大部分已经起了镜面的作用，因此立得比较近的那一个人在墙壁上就反映出他的像来了。当然，反射光线的并不是墙壁本身，而只是贴近它的炙热的空气层。

在夏天极热的日子，你不妨时常去留意大建筑物的被炙得很热的墙壁，看看有没有这种海市蜃楼发生。无疑，如果经常这样留心去观察，发现这种海市蜃楼的机会是一定会很多的。

图117　灰色粗糙墙壁（左）突然变成仿佛光滑而能反射的了（右）。

8.17　“绿光”

你曾在海面上观察过日落吗？相信你一定观察过。那么，你可曾一直观察到太阳的上缘跟水平面相平，然后完全消失为止吗？我想也一定观察过的。可是，假如你观察的时候，万里无云，天空完全明朗，你可曾发现当太阳投出最后一道光线那一瞬间所发生的现象吗？恐怕就不一定了。但是我劝你不要失去机会去做这样的观察：在那一瞬间，映入你眼帘的，不是红色的光线，而是绿色的，鲜艳的绿色的光线，这个颜色的漂亮，甚至于随便哪一个画家也不可能在他的调色板上调出，就是大自然自己也不可能在别的地方像植物或者最清澈的海水那里调出这样漂亮的颜色。

一份英国报纸上刊出的这节短文，引起了儒勒·凡尔纳写的《绿光》那部小说里的年青女主角的极大兴致，她开始到处旅行，目的只有一个——亲眼看到这种绿光。根据小说家的叙述，这位年轻的苏格兰女旅行家并没有达到她的目的，没有看到大自然的这个美景。但是这个现象却确实是有的。关于绿光，虽然常常带着许多传说般的说法，但是这个现象的本身倒并不是一个传说。每一位爱好大自然的人，只要他有耐心去寻找，能够看到这个现象，就一定会称赞这个景色的美丽的。

为什么会有绿光出现呢？

对于这个问题，只要你想起当我们通过三棱镜看物体时候所看到的情形，你就会明白了。请你先做一个实验：拿一个三棱镜平放在眼前，底面朝下，然后通过它去观察钉在墙壁上的一张白纸。你就会发现，首先是这张纸显然比原来的位置升高了；其次是纸的上面一边会显出紫色，下面一边却显出黄红色。纸升高是由于光线曲折的作用，纸边有颜色是由于玻璃的色散作用，就是因为玻璃对于不同颜色的光线有不同的折射率。紫色和蓝色的光线要比别种颜色的光线折射得更厉害，因此我们在纸的上面一边看到了紫蓝色；红色的光线折射得最差，因此在纸的下面一边看到了红色。

为了使下面的解释容易明白，在这个颜色边的问题上我们还得多说几句。三棱镜把从白纸反射过来的白光分散成光谱上所有的颜色，形成了那张纸的许多有颜色的像，依颜色的折射率大小的次序排列在一起，而且互相重叠。在所有颜色都重叠在一起的中间部分，我们的眼睛看过去是白色的（光谱颜色的总和），但是上下边上却露出没有别的颜色重叠上去的单纯的颜色。著名的诗人歌德也曾经做过这个实验，他可没有明白它的道理，认为他已经发现牛顿关于颜色的理论不正确，就写了一篇《论颜色的科学》，这篇文字几乎全部是建立在颠倒是非的说法上的。我想我们的读者一定不会重蹈歌德的覆辙，并且不会希望棱镜会增添物体的颜色。

地面大气对于我们的眼睛就仿佛是一个底面朝下的很大的三棱镜。我们望向已经落到地平线上的太阳，就是通过这个空气三棱镜在观察它的。因此太阳圆面的上面边缘就显出蓝绿色，下面边缘却显出黄红色。当太阳的位置还高出地平线的时候，因为圆面中央的耀眼的光线压倒了边缘的光度比较弱的各种颜色的光线，因此我们根本看不到这种颜色；但是在日出日落的时候，那时整个太阳圆面都隐藏在地平线以下，因此我们能够看到上面边缘的蓝色。这个边缘实际上是两重颜色的，上面是一条蓝色带，下面是蓝绿两种光线混合成的天蓝色。因此假如接近地平线的空气完全洁净透明的话，我们就能够看见那蓝色的边缘——“蓝光”。但是这蓝光时常会给大气散射了，就只剩下一道绿色的边缘，这就是“绿光”现象。不过，因为地面上的大气在大部分的情形是混浊不清的，那时候会把蓝绿两种光线全部散射了，那我们就不可能发现什么颜色的边缘，而太阳也就像一个火红色圆球般落下山去了。

普尔柯夫天文台的天文学家季霍夫曾经做过一次“绿光”的专门研究，他告诉我们可以看见这个现象的许多征兆。“太阳下山的时候如果有红颜色，而且用普通肉眼去望也不觉得刺眼，就可以肯定地说，绿光是不可能看见的。”这理由是很清楚的：太阳的红颜色表示在大气作用下蓝绿光线的散失，也就是表示太阳圆面上部边缘的颜色完全散失。这位天文学家继续说道：“反过来说，假如太阳在下山的时候并没有显著改变它原来的黄白色，而且非常刺眼，那就有相当大的希望看到绿光。但这儿还得有一个条件，就是，地平线看过去一定要十分清楚，没有什么不平的地方，附近没有树林、建筑物等。这些条件只有在海洋上容易得到，所以海员对绿光往往很熟悉。”

这样看来，如果想看到太阳的“绿光”，一定要在天空非常洁净的时候观察日出或日落。南方的国家，地平线上的天空比较清澈，因此“绿光”现象在南方也就可以有比较多的观察机会。但是，“绿光”现象在我们这里，也并不像一般人受了儒勒·凡尔纳的影响以后所想象的那样难得看到。只要你持之以恒地去寻求，迟早一定会看到的。甚至有人用望远镜也望到过这个美丽的现象。两位阿尔萨斯的天文学家对于这种观察有过这样的记述：

……在太阳完全落下去的前一分钟，当太阳的很大一部分还可以看得见的时候，那轮轮廓明显、涌动着火焰的太阳圆面，围上了一圈绿色的镶边。这个绿色镶边在太阳还没有完全落下之前，肉眼是不可能望见的。只有当太阳完全消失在地平线下之后才能够看得到。假如我们用相当高倍数（大约一百倍）的望远镜望去，就可以仔细看到这一切现象；这绿色的镶边最迟在日落前10分钟就可以望见；它围着太阳圆面的上部，但同时在圆面的下部却可以望到一道红色的镶边。这道绿色镶边起初很狭窄（视角一共只有几秒），以后太阳逐步低落，镶边就逐渐加阔，有时候会增加到视角半分之多。在这绿色的镶边之上，时常会看到也是绿色的凸出部分，这些凸出部分随着太阳的逐渐消失，仿佛沿着它的边缘滑到最高点；有时候它们甚至脱离了镶边，继续发光几秒钟以后才熄灭（图118）。

图118　“绿光”的长时间观察：观察的人在山后面能在5分钟内始终望见“绿光”。右上角是通过望远镜望到的“绿光”。注意太阳有不规则的轮廓。在1的位置太阳光很刺眼，妨碍肉眼观察，没法望见“绿光”。在2的位置太阳圆面几乎整个消失了，肉眼已经可以看到“绿光”了。

“绿光”现象一般只延续一两秒钟。但是在特殊情形下，这个延续时间可以显著地加长。譬如说，就曾经有过这样情形，有人看到5分钟以上的“绿光”。太阳在很远的山后落下，一位快步行进的人看到了太阳圆面上的绿色镶边仿佛沿着山坡滑落（图118）。

在日出的时候，当太阳的上面边缘开始从地平线下面露出的时候，观察“绿光”也是很有意思的事情。这个事实可以证明许多人的一种论断不正确，他们一向认为“绿光”只是眼睛受到日落以前太阳光芒的刺激所发生的光学上的错觉。

太阳并不是能够发“绿光”的唯一天体。有人发现金星在落下的时候发出绿光的现象。

Chapter

第九章 一只眼睛和两只眼睛的视觉

9.1 在没有照相术的时候

照相术在我们的日常生活里早已成了一个最平常的东西，因此我们根本没法想象我们的祖先们，即使是离开我们并不久的祖先们，是怎样在没有这个东西的条件下面生活的。狄更斯在《匹克威克外传》里写了一个故事，说明一百年前英国某一个国家机关画一个人的容貌时候的滑稽情形。事情发生在匹克威克被送进的那所债务监狱里后。

通知匹克威克先生说，他要留在这里，等懂这种窍门的人们所谓“坐着让人画像”的仪式完成。

“坐着让人画我的画像！”匹克威克先生说。

“把你的肖像画下来啊，先生，”胖狱卒说，“我们这里都是画像的能手，这一点你应该早就知道。不一会儿就画好的，而且都很像。请进来吧，先生，不要拘束。”

匹克威克先生同意了这个邀请，坐下来；那时候站在椅子背后的山姆[①]对他耳语说，所谓坐着画像，在这里应当了解它的譬喻的意义：

“这是说，先生，那狱卒要仔细查看你的面貌，以便把你跟别的犯人辨别清楚。”

好戏开场了，那个肥胖的狱卒随意望了望匹克威克先生。另外一个狱卒坐到这个新来的犯人面前，全神贯注地注视着。第三个狱卒还一直跑到匹克威克的鼻尖前面，聚精会神地一一研究匹克威克的特征。

最后，肖像画好了，匹克威克先生接到通知说，现在他可以进监狱了。

更早以前，这种“像”是用各部特征的“清单”代替的。你记得普希金的《波里斯·戈都诺夫》里，在沙皇的命令里提到葛里戈里，说“他身材矮小，胸脯宽阔，两手略有长短，蓝眼红发，颊额各有一痣”。现在呢，只要附一张照片，就一切都解决了。

---

① 山姆是匹克威克的仆人。

9.2 很多人还不知道应该怎样看照片

照相术还在19世纪40年代就渗进我们的生活里来，虽然当时还只是用金属板来拍摄的（所谓银板照相法）。这种拍照方法的最大缺点在于被拍的人一定要长时间坐在照相机前面——往往要坐上几十分钟……

圣彼得堡的物理学家魏因博格教授说："我的祖父曾在照相室里坐了整整40分钟，就是为了得到一张属于自己的很难复制的银版照片。"

而群众对于可以不要画家就能够得到自己相片这一点，也认为过分新奇，而且近于奇迹，因此并没有很快就相信。在一本古老的俄国杂志（1845年）上，对这个问题有一段极有趣的记述：

许多人到现在还不肯相信银板照相法果真能够拍出照片来。有一次，一位衣冠楚楚的人跑去拍照，店主人[①]请他坐下来，校正了玻璃，装好一块板，看了看钟，就走开了。店主人在室内的时候，这位想拍照的人一动不动地端坐在那里；但是，店主人刚一走出房门，这位客人为了急于看到自己的照片，认为没有继续端坐的必要，就站了起来，嗅了嗅鼻烟，仔细看了看照相机的四面，把眼睛凑近到玻璃上，然后摇了摇头，说了声"这玩意儿真怪"，就在室内来回地踱起方步来。

店主人回来了，他吃惊地停在门旁边，喊了起来：

"你怎么啦？我对你说过，要端坐在那里啊！"

"是呀，我是坐着呀。我只是在你出去之后才站起来的。"

"那时候你还是应该坐在那里的呀。"

"咦，我为什么要无缘无故地坐在那里呢？"

读者一定以为我们现在对于照相已经不会有这样幼稚的看法了。其实，即使在今天，许多人对照相还并没有很好了解，譬如说，就很少有人

① 就是摄影师。

知道拍好的照片应该怎样看。你一定以为这根本没有什么怎样看的问题：把照片拿在手上看就是了。但是事实上并不这么简单。照片跟许多日常接触的东西一样，虽然接触很多，但是我们却不知道正确对待它。大多数的摄影师和爱好摄影的人——更不用提一般群众——在看照片的时候，完全不是照应该用的方法看的。照相术发明了已经将近一百年，但是竟还有不少的人不知道应该怎样看他的照片。

9.3 看照片的艺术

照相机在构造上说，等于一只大眼睛：在它的毛玻璃上显出的像的大小，要根据透镜跟被拍物体之间的距离来决定。照相机拍下来的底片上的像，就跟我们用一只眼睛（注意——一只眼睛！）放在镜头的位置上所看到的相同。因此，假如我们想从照片上得到跟原物完全相同的视觉上的印象，我们就应该：

1. 只用一只眼睛来看照片；
2. 把照片放在眼前的适当距离上。

如果我们用两只眼睛看照片，我们一定会看到前面只是一幅平面的图画，而不是有远近不同的图画。这一点是不难理解的。因为这是根据我们视觉的特性所产生出来的现象。我们看一个立体的东西，两眼网膜上所得到的像是不相同的，右眼看到的跟左眼看到的并不完全一样（图119）；正是这个不完全一样的像，才使我们能够感觉到东西是立体的而不是平面

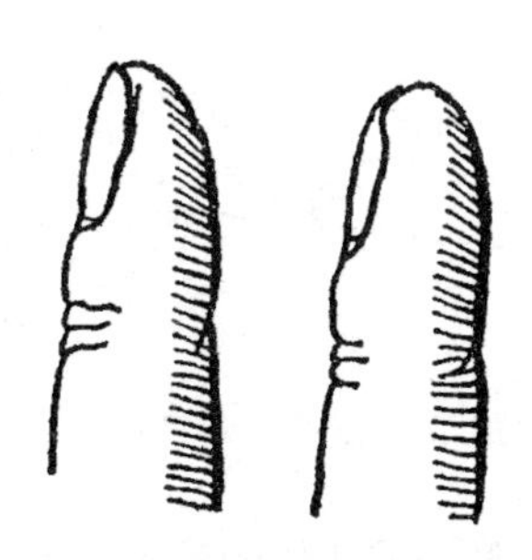

图119　把手指放在眼前很近的地方，左右两眼所看到的情形。

的，在我们的意识里会把这两个不同的像融合成一个凸起的形象（大家知道，实体镜就是根据这个道理制造的）。假如在我们面前只是一个平面的东西，譬如一堵墙壁，那时候情形就完全不同，那时候两只眼睛会看到完全相同的像，这样我们的意识里就知道它是平面的。

现在我们就可以明白，假如我们用两只眼睛来看照片，是犯了什么样的错误；这样做就等于我们要自己感觉到前面是一幅平面的图画！我们把应该只给一只眼睛看的照片交给两只眼睛看，就妨碍了自己看到照片上应该看到的东西；因此，照相机这么完善地造出来的像，就被这个大意的行动完全破坏了。

9.4 应该把照片放在多远的地方看？

第二条规则也同样重要——应该把照片放在眼前的适当距离上来看，否则，也要破坏正确的形象。

这个距离究竟应该多大呢？

如果要得到一个完全的印象，照片所夹的视角应该跟照相机的镜头望到毛玻璃上的像所夹的视角一样，或者也可以这样说，应该跟照相机的镜头望到被拍的东西的视角一样（图120）。从这里可以找到应该把照片放在多远来看的答案：这个距离和原物离开镜头的距离的比，应该跟照片上的物像和原物的长短的比相等。换句话说，我们应该把照片放在眼前大约等于镜头焦距的距离上。

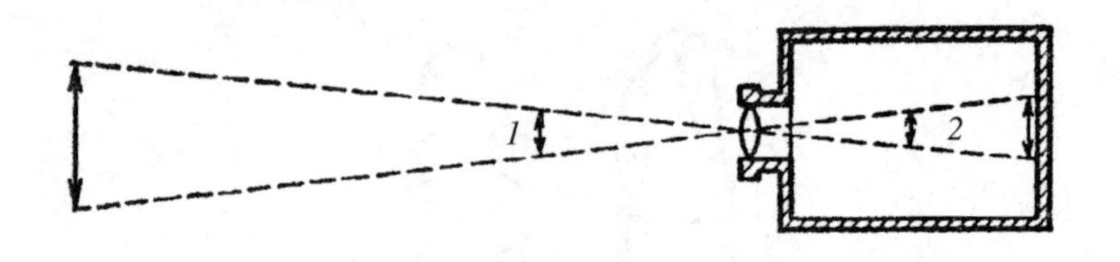

图120　照相机里∠1等于∠2。

假如我们注意到大多数小照相机的镜头焦距多是12~15厘米，那我们就可以知道，我们向来没有把照片放在正确的距离上来看：对于正常的眼睛，看东西最清楚的距离——明视距离——大约是25厘米，这个数目几乎等于照相机镜头焦距的两倍。至于挂在墙壁上的照片，因为人们都是从更大的距离上来看的，自然也只给人一种平面的感觉了。

只有患近视的人（以及能够在近距离看得清楚的孩子们），他们的明视距离比较短，在用正确的方法（用一只眼睛）看一张普通照片的时候，才会看到这种效果。他们照习惯把照片拿在眼前12~15厘米的地方，因此他们看到的不是单纯平面的图画，而是像在实体镜里看到的那种立体形象了。

现在我相信读者一定会同意，过去由于自己的无知，没有能够从照片上得到它所能够提供给我们的全部效果，以致时常埋怨照片的呆板平淡。全部问题在于我们没有能够学会把眼睛放在照片前面的适当距离上，而且用了两只眼睛去看那种只预备给一只眼睛看的东西。

9.5 放大镜的惊人作用

方才我们说过，患近视的人会把照片上的像看成立体的。那么，有正常视力的人要怎么办呢？他们不能把照片放到眼前很近。还好，幸亏放大镜帮助他们解决了这个困难。如果透过一面放大率两倍的放大镜去看照片，他们就很容易得到方才所说患近视的人所得到的便利，就是可以不必使两眼过分紧张就能够看出照片的立体形象。这样看到的照片上的像跟我们通常从远距离用两只眼睛所看到的照片上的像有极大的不同。这个看普通照片的方法几乎可以代替实体镜。

为什么用一只眼睛透过放大镜看照片，会看到它的立体形象，这在现在已经明白了，其实这个事实是早已知道的，但是对于这个现象的正确解释，我们听到的却还不多。《趣味物理学》的一位读者在这个问题上写信给我说：

下次再版的时候，请讨论一个问题：为什么透过普通放大镜看照片会呈现立体形象？我的意见是，所有实体镜的一切复杂解释，都是经不起批评的。你用一只眼睛向实体镜望去，不管理论怎么说，看到的还仍旧是立体形象。

读者现在当然已经明白，这个事实一点也不会使实体镜的理论有什么动摇的。

玩具店发售的“画片镜”也是根据同一原理构造成功的。用一只眼睛透过这个小巧玩具里的放大镜来看里面的普通风景照片，已经可以得到立体的印象了。一般还喜欢把照片里比较前面的物体剪出来，放在照片前面，我们的眼睛对于近地方物体的立体形象是很敏感的，而对于那比较远的物体的立体形象感觉得比较迟钝，因此整个立体印象也就更加强了。

9.6 照片的放大

能不能让正常的眼睛不用放大镜就能正确地看到照片上的立体形象呢？这是完全能够的，只要拍照的时候用一只焦距大一点儿的镜箱就行了。根据以前各节所说，只要用焦距25~30厘米的镜箱，拍出的照片就可以拿在普通的明视距离上来看（用一只眼睛）——这时候照片就会显出适当的立体形象。

我们还可以拍这样的照片，使你即使用两只眼睛从远距离来看，也不是平面的形象。我们前面已经说过，如果左右两眼从一个物体上得到两个相同的形象，就会感到这是一个平面的画面。但是这种两眼看到的差别随着距离的增加很快地减低下来。实验告诉我们，用焦距70厘米的镜箱拍出来的照片，可以直接用两只眼睛看仍旧看得出立体形象。

但是，要照相机全都是长焦距的，也是一件很不简便的事情。因此我们再提出另外一个办法，就是把普通照相机拍得的照片放大。照片经过放大以后，看照片的正确距离也随着加大了。譬如把焦距15厘米的镜箱拍得的照片放大到4倍或5倍，那就可以得到所要求的效果了：放大以后的照片已经可以用两只眼睛从60~75厘米的距离上来看了。放大照片上可能有一些模糊不清的地方，但是并不会有什么不好的作用，因为从远距离上看，这些地方是并不明显的；而从得到立体形象这方面来说，无疑是成功的。

9.7 电影院里的好座位

常看电影的人一定注意到一件事情，就是，有些画面上的物体，有非常显著的立体形象：人像仿佛从背景上脱离开来，而且凸出得使人几乎忘记了幕布的存在，仿佛台上有真实的景物和活的演员一般。

这种立体形象，许多人以为是由于影片性质的关系，这是不正确的；正确的原因在于看的人坐的位置。电影片虽然是用焦距极短的镜箱拍出的，但是它放映到银幕上却用极大的倍数——大约一百倍——给放大了，因此可以用两只眼睛在很远的距离上（10厘米×100=1000厘米=10米）来看。我们在电影里看到最大限度的立体形象，是当我们看向银幕的视角跟拍制影片时候镜箱“看”向演员的视角相同的时候。那时候在我们面前的就会是跟原来景物一样的形象。

那么，怎样求出跟这个视角相合的距离呢？这就应该把座位选择在正对画面的中央，还要跟银幕保持这样一个距离，这个距离跟银幕上画面阔度的比，就等于镜头焦距跟影片阔度的比。

拍制影片用的镜箱，一般要根据所拍的对象不同，分别采用焦距35毫米、50毫米、75毫米或100毫米的。影片的标准阔度是24毫米。那么，举例来说，对于75毫米的焦距，得到：

$$\frac{\text{所求的距离}}{\text{画面阔度}}=\frac{\text{焦距}}{\text{影片阔度}}=\frac{75}{24}\approx 3\text{。}$$

这样，要知道在这情形下的好座位跟银幕的距离，只要把画面的阔度乘3就可以。例如映在银幕上的画面阔6步，那么最好的座位应该是在银幕前18步的地方。

即便要考虑到增加观看影片的立体感这类目的，也不应该忽略上述原则。原因与刚才所指出的原因相似。

9.8 给画报读者一个忠告

画报上时常印有许多照片，这些复制出来的照片，当然与它们的原来照片有同样的性质，假如用一只眼睛在适当距离上来看，也会更显出立体形象来。但是，由于不同的照片是用不同焦距的镜箱拍出的，因此，究竟要用什么距离来看的问题，只好用实验来解答。你把一只眼睛闭起来，把画报拿在手里，手臂伸直，使画报的平面跟你的视线垂直，把你睁开的一只眼睛对正你想看的照片的正中央。然后，把这张照片逐渐向你眼前移近，你那一只睁开的眼睛看着它不要间断，这样你就很容易找到照片最显出立体形象的距离。

许多照片平常看来都模糊不清而且都只是平面的，但是如果采用上面的方法去看，却都显出它的立体形象，而且看得很清楚。用这种方法去看，照片里的水光和许多别的实体形象就时常可以看到。

令人惊奇的是，尽管在早期的科普书上就已经介绍到了这一方法，但是如此简单的事实却依然很少有人知道。在卡彭特的著作《物理基础》1877年出版的俄译版上，我们可以读到关于这种看照片的方法的介绍：

“显然，这种用一只眼观察照片图像的方法的有效性首先在于可以不被物体的实体感所影响；其次，还可以为图像增添无比的鲜活感与真实感。这主要是针对像静止的水这样的影像。这类物体是照片最不容易表现的一部分。倘若用两只眼睛观察水的影像的话，水的表面就像一层蜡一样；但是如果用一只眼观察的话，水的透明性和深度就会鲜明地被表现出来。用这种方法还可以辨别物体的不同，比如区分铜或象牙的表面的不同属性及它们反映出来的不同颜色。如果用一只眼而不是两只来观察照片上的影像的话，了解不同物体的组成与材料也就会很容易。”

让我们再来注意一件事情。假如照片在放大以后可以显得更加生动，那么当它缩小以后，就恰好得到相反的效果。缩小的照片自然显得更加清楚明晰，但是它们都只能够给人平面的感觉，而没有立体形象的感觉。这从上面所讲的道理，应该是很容易明白的：照片一缩小就跟用焦距更小的镜箱拍出来的一样，而普通的焦距本来就已经嫌小了。

以上所说对于照片的一切，在一定程度上对于画家画出来的图画也都适用：看图画的时候最好也取一个适当的距离。只有在这样的条件下，你才能够看到画面上有远近不同，而图画也就显得不是平面的，而是立体的了。看图画的时候，最好也只用一只眼睛，不用两只眼睛，特别当图画不大的时候。

9.9 实体镜是什么？

我们从现在起，要从图画转到实体上来了，首先我们要提出一个问题：为什么我们能够把物体看成立体的，而不是平面的呢？在我们眼睛的视网膜上所得到的像都是平面的呀！究竟什么缘故使得我们感到物体并不是平面的图画，而是占三度空间的立体呢？

这里有好几个原因。第一，物体表面各种不同的明暗程度使我们有判定它的形状的可能。第二，我们的眼睛要看清楚的物体上远近不同的各部分，眼睛所感受到的张力是不同的：平面图画的各部分跟眼睛的距离是一样的，而立体的各部分的距离却各不相同，要看清楚它们，眼睛就应该做不同的“对光”。但是这儿给我们最大帮助的，还是两只眼睛所收到的同一物体的形象各不相同。这一点很容易证明，只要你先后只用左眼或者只用右眼去看附近的同一个物体就知道了。左右两眼所看到的物体一定并不完全相同；两只眼睛得到不同的形象，正是这个差异给我们提供了立体的感觉（参阅图119和图121）。

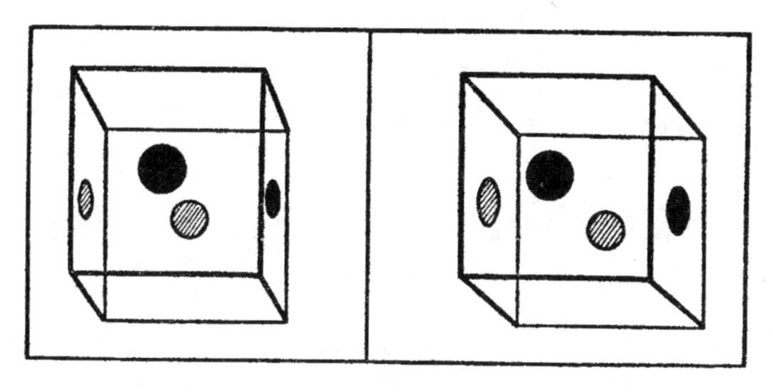

图121　一个有斑点的玻璃立方块。图示用左右两眼分别看到的不同形象。

现在，设想有两张图画，画的是同一物体，左边一张画出左眼所看到的，右边一张画出右眼所看到的。假如你看这两张图画的时候左眼只看到左边的一张，右眼只看右边的一张，那么你所看到的已经不是两幅平面图画，而是变成一个凸起的、立体的物体了——甚至比你用一只眼睛看实体所看到的更显出立体的形象。要用这样的方法来看两张图画，是靠一种特制的仪器帮助的，这种仪器就是实体镜。要使两个像能够融合在一起，在旧式实体镜里是用反射镜的，在新式实体镜里是用凸面三棱镜的。这种三棱镜能够把光线曲折，使得看的人在意识里把光线延长以后，两个像（由于棱镜凸面的作用，像略有放大）会互相重叠。这样看来，实体镜的原理实在是非常简单的，而更奇怪的是这个作用竟可以由这么简单的方法来完成。

大多数读者大概都看见过各种风景之类的实体照片。也许还有一些人用实体镜看过研究地理用的立体模型图。下面我们不打算去谈这种大家多少已经知道的实体镜的应用，只想谈一点许多读者大概还不知道的东西。

9.10 我们的天然实体镜

在看实体图的时候，我们也可以不用什么仪器，只要我们把自己的两只眼睛做一番训练，使得能够适当地向实体图望去就可以。这样做所得到的成绩和通过实体镜所看到的情形一样，唯一的差别只是这样看法所看到的形象没有经过放大罢了。实体镜发明以前，大家就正是使用这种天然的方法的。

下面我预备了一系列的实体图，依照从简单到复杂的次序排列，希望大家不用实体镜，练习用自己的两只眼睛直接去看。在几次练习之后，就会得到成功的。[①]

请从图122的那两个黑点开始练习。把那张图移近你的眼前，凝视两个黑点中间的空隙，这样一直继续几秒钟光景，不要把眼光转移；看的时

① 应该顺便提出并不是每一个人都能够看到立体的图形的（即使是通过实体镜），有些人（例如斜眼的人或习惯用一只眼睛看东西的人）就完全不可能做到这一点；另外一些人，要经过相当长时间的练习才能达到目的；但是也有一些人，主要是年轻人，却能够很快地——一刻钟里面——就能够把这本领学到。

候仿佛要想看清楚图背后更远的物体的样子。这样，不久之后，你就会看见两个黑点变成了四个黑点，——仿佛黑点已经一个分成两个了。接着靠外边的两个黑点渐渐移远了，中间的两个却渐渐接近，最后融合到一起，变成了一点。

请你用同样的方法来看图123和图124。在图124上左右两部分融合到一起以后，你会看到眼前仿佛是一根伸得很远的长管子的内部。

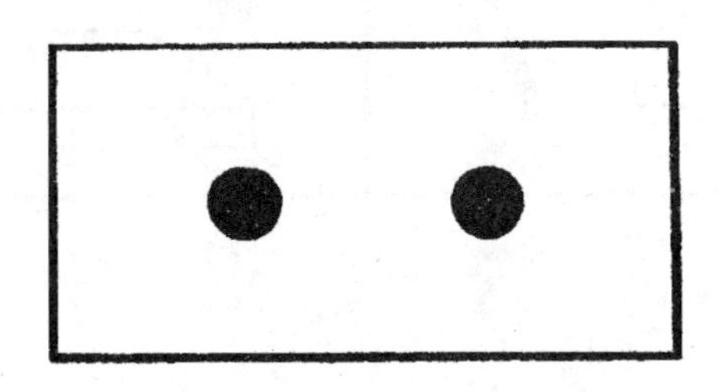

图122　凝视两个黑点中间的空隙，继续几秒钟，两点就会融合到一起。

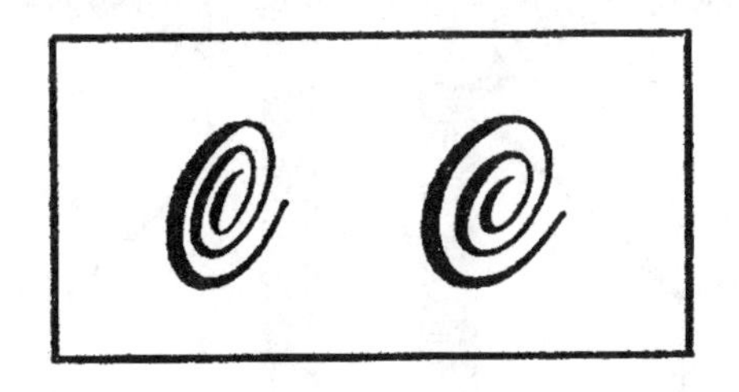

图123　用同样的方法来看这个图，看到了左右两部分融合到一起之后，再继续做下面的练习。

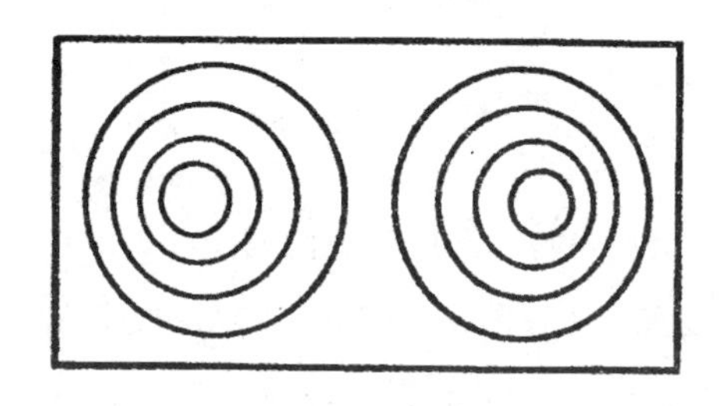

图124　当这图上左右两部分融合到一起以后，你会看到仿佛是伸得很远的长管子的内部。

学会了这个以后，你就可以练习看图125了——这儿你应该看到几个悬空的几何形体。图126应该是一座石头建筑的长廊或者隧道，图127会使

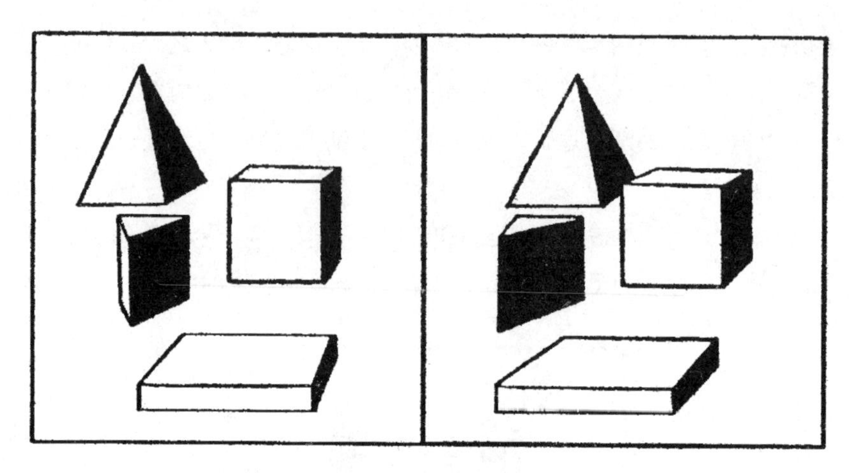

图125　这图上左右两部分融合到一起以后，
仿佛有四个悬空的几何形体。

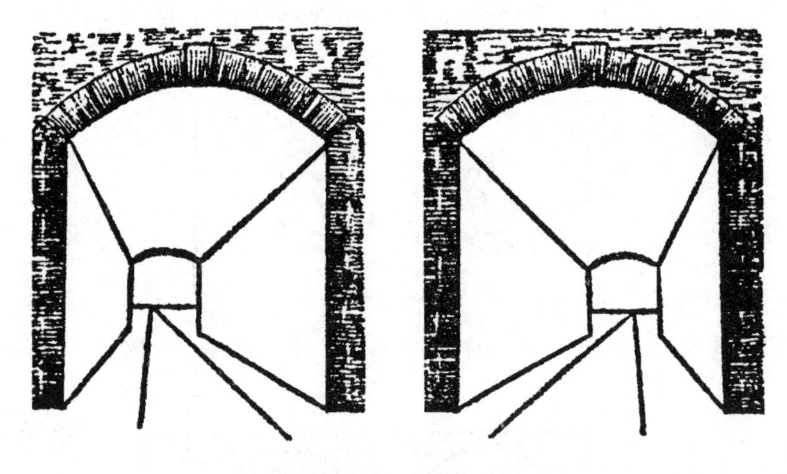

图126　深远的隧道。

你看到一个透明的玻璃鱼缸。最后，图128会给你看到海洋的景致。

学会这种直接看、比较两张并列的实体图的方法并不困难。我的许多熟人都在极短时间里面经过几次的练习以后，就学会了这个能力。戴眼镜的患近视或远视的人，可以不用把眼镜摘下，就用看随便什么图画的样子来看。把这些图画拿在眼前前后移动，一直找到合适的距离为止。在不管什么情形，做这种实验的时候，一定要光线充足——这会帮助你得到成功。

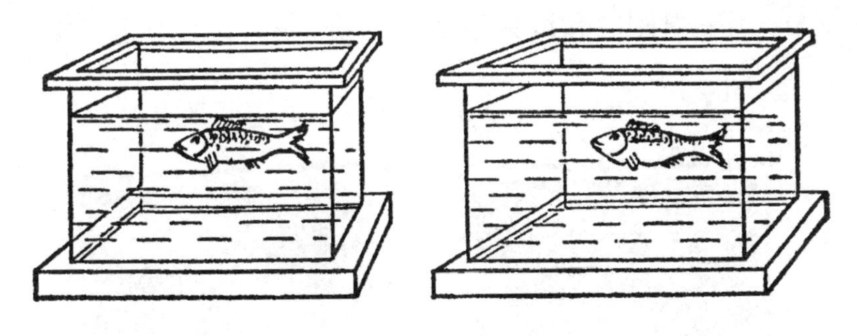

图127　鱼缸里的游鱼。

图128　海上风景。

你学会了不用实体镜来看上面这些图画之后，就可以用这个本领去看随便什么实体照片，不必用实体镜来帮助了。本节后面图129的实体照片，你也就可以用眼睛直接看去。

这儿有一点要注意，就是不要对这个练习过分热心，免得两眼过度疲劳。

假如你没有办法把两只眼睛训练出这个能力，而手头又没法找到一个实体镜，那么你可以找远视眼镜的镜片来帮忙。用一张硬纸板剪出两个圆孔，把这两块镜片粘在圆孔里，使你只能够通过这两块玻璃去看，再在两张并列的图画之间放一块纸片做隔板。这样简单的实体镜就能够很好地完成任务。

9.11 用一只眼睛和两只眼睛

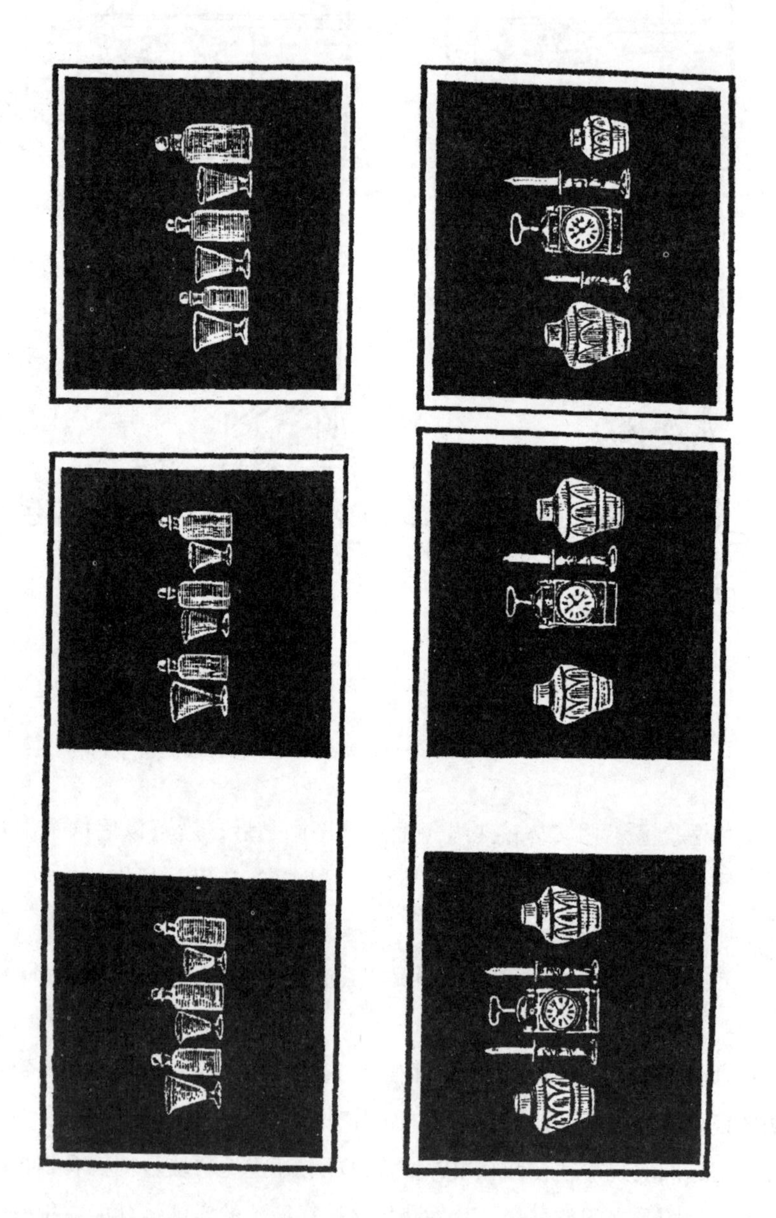

图129 左，肉眼看到的；右，实体镜里看到的。

图129是几张照片。上排左中两图上各有三个药房用的小玻璃瓶，这几个瓶仿佛是一样大小的。无论你怎样仔细去看这几张照片，你也不会发现各瓶的大小有什么差异。但是实际上这几个瓶的大小是有差异的，而且还差得很多。这些瓶之所以使我们认为同样大小，是因为它们的位置跟我们眼睛或者照相机之间的距离并不相等的缘故：大瓶比小瓶离得远些。那么，图上的三个瓶，究竟哪一个离得远，哪一个离得近呢？这是不可能用普通的看法来判定的。

但是这个题目也很容易解答，只要我们请实体镜或者方才学到的看实体图的方法来帮助就可以。那时候你会清楚地看到，三个瓶最右边的那个要比中间那个远得多，而中间那个又比左边远。这三个瓶实际大小的比较，如右图所示。

图129下面一排的照片更加奇怪。那照片上有两个花瓶、两支蜡烛和一架钟，看起来两个花瓶一样大小，两支蜡烛也一样大小。但是事实上它们的大小差得很多；左边的花瓶几乎有右边的两倍大，而左边的蜡烛却比钟和右边的蜡烛低。这也只要用上面说的看实体图的方法来看，就可以发现原因：原来这些东西并不是排成整齐的一列，而是摆在远近不同的位置上的——大的东西摆得比较远，小的东西摆得比较近。

这样看来，用“两只眼睛”看实体画的方法要比用“一只眼睛”好这一点，在这里可以充分证明了。

9.12 揭露假票据的简单方法

假定我们有两张完全一样的图画，譬如有两个完全一样的黑方块。我们用实体镜去看，就会看到只有一个方块，这个方块的形状跟原来两个方块中的每一个都没有一点不同。现在，假定每个方块的正中央都有一个白点，那么用实体镜去看，自然也看到这个白点。但是，只要在随便哪一个方块上这个白点略略移动，使它离开正中央的位置，那么就会得到意想不到的效果，你通过实体镜去看，仍旧可以看到一个白点，但它已经不是在方块的同一个平面上，而是在这个平面的前面或后面了！只要两张图画上有少许不同，通过实体镜去看就会产生立体的感觉。

这给我们提供了一个辨别假支票和假造文件的简单方法：只要把需要辨别的假票和真票并排放在一起，装在实体镜里，就可以把假票辨别出来，无论这假票造得多么精细，随便哪一个字母，一条线纹上的最小差异，就会立刻给你的眼睛一种特别的感觉，因为在实体镜里看来，这个字母或线纹会孤立在别部分前面或背后了[①]。

9.13 巨人的视力

当物体离我们非常远的时候——超过450米的时候，两眼之间的距离就已经不能够引起视觉上感像的差别了。很远的建筑物、山林、风景等，因此只给我们一种平面的感觉。根据同一个原因，天上的星也仿佛都离我们一样远，虽然实际上月球要比行星离我们近得多，而行星又比那些不动的恒星近得不可计量。

总而言之，对于距离我们在450米以上的物体，我们就完全没法直接看出它的立体形象。它们在我们左右两眼里看起来完全一样，因为两只眼球之间有限的那6厘米距离，跟450米比较起来，实在太小了。因此，在这种条件下面拍得的两张实体照片就会完全一样，也就不可能通过实体镜看到它的立体形状。

但是这件事情也有办法解决，只要在拍照的时候，从比两眼距离大的两个地点拍摄就可以了。这样拍出的照片，用实体镜望去时所看到的形象就跟两眼距离增加了许多倍时所看到的一样。实体的风景照片就是这样拍来的。人们一般都用放大棱镜（有凸面的那种）来看它们，因此这种实体照片时常会显出原来物体的大小，得到的效果是非常惊人的。

读者大概也已经想到，我们很可以造出一种双筒望远镜，用来直接看出这些风景的立体形象，不必再经过照片。这种仪器——实体望远镜——

① 这个方法最早是在19世纪中叶提出的，但是对于近代纸币却不完全适用。因为近代纸币的印刷技术使印出的东西不可能在实体镜里得到平面的形象，即使两张钞票都是真的也是这样。但是这个方法却可以用来辨别两张同样的书页是同一版印刷的，还是一张已经重排以后印刷的。

的确是有的：它的两个镜筒之间的距离要比平常两眼的距离大，两个像是由反射棱镜投射到我们的眼睛里来的（图130）。当你向这种仪器望去的时候，真难描写出你所受到的感觉——这感觉竟是不寻常到这样的程度！大自然的整个面目都变了。远山变成凹凸不平的了，树木、山岩、房屋、海上的船只——一切都变得凸起来了，已经不是像平面的布景似的，而是在无穷广阔的空间里面了。你会直接看到很远的海轮怎样在动，而当你用普通双筒望远镜去看的时候是看不出的，就好像它是静止的。像这样的地面上的风景，过去是只有神话里的巨人才能够看到的。

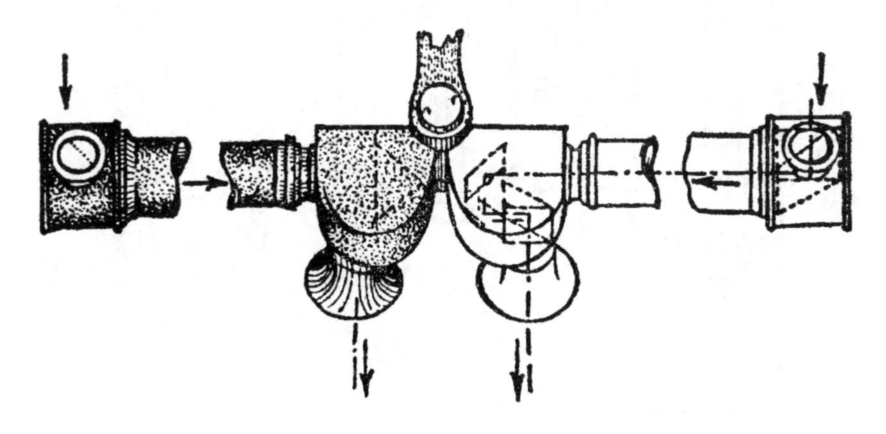

图130　实体望远镜。

假如这个实体望远镜有10倍的放大率，而两个物镜间的距离等于平常人两眼瞳孔距离的6倍（就是等于6.5 × 6=39厘米），那用它所看到的像就会比用肉眼看到的凸出6 × 10=60倍。这一点可以从下列一个事实说明，就是离开25千米远的物体，用这种望远镜望去，仍旧能够看得出显著的凹凸。

这种望远镜对于大地测量工作者、海员、炮兵和旅行家都是很重要的仪器，特别是那种附有测量距离的刻度的实体测距镜更有用。

棱镜造成的双筒望远镜也有这种功用，因为它的两个物镜间距离比两眼距离大（图131）。而观剧镜却相反，它的两个物镜间距离比较小，削弱了立体的感觉，可以使布景不会显出它是假的。

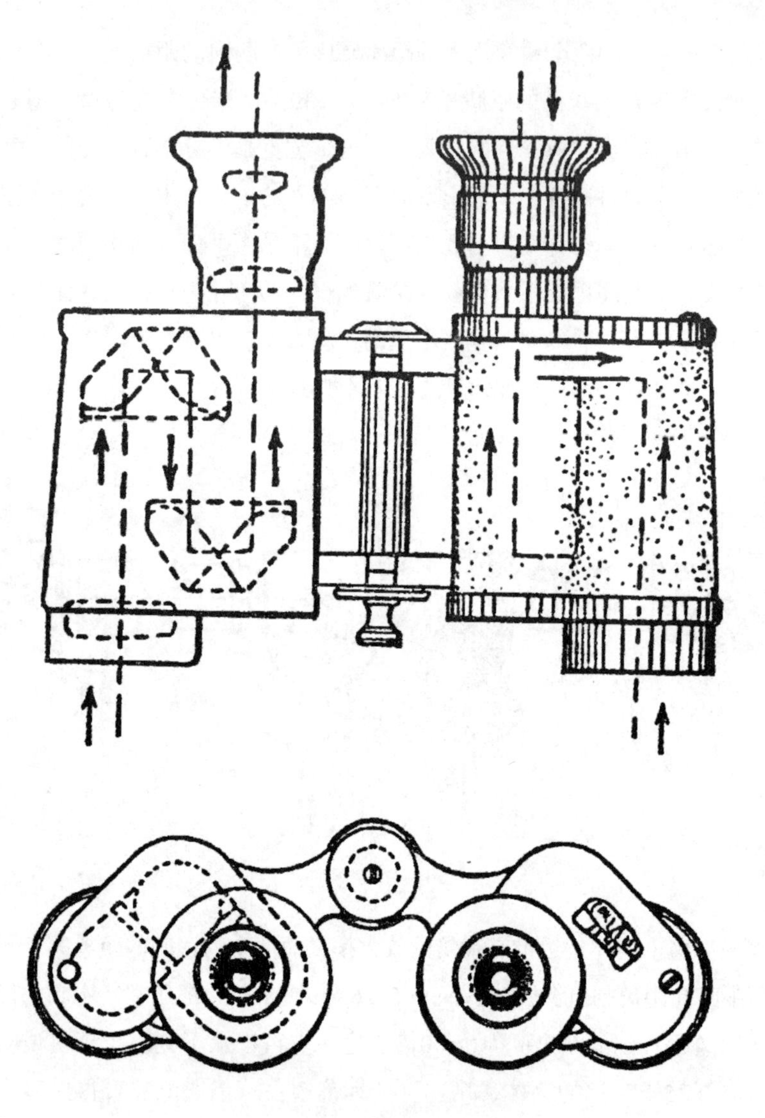

图131　棱镜制成的双筒望远镜。

9.14　实体镜里的星空

但是，假如我们把实体望远镜向月球或者别的天体望去，我们就看不出一些立体形象。这一点应该是预料得到的，因为天体距离对于实体镜来说实在太大了。你不妨想想看，实体镜两个物镜之间只有30~35厘米的距离，跟地球和某一个行星之间的距离比较，还能够算得了什么呢？即使我们能够造出一个巨大的实体镜，使两个物镜之间有几十或几百千米，使用它来观察千万千米以外的行星，也是不可能得到什么实体的效果的。

这儿我们又要靠实体照片帮助了。假定我们昨天用照相机拍出了某一个行星的照片，接着在今天又拍了一次，这两次虽然都是从地球上相同地点拍的，但是拿整个太阳系来说，我们是在太阳系里两个不同的地点拍摄的，因为我们的地球在一昼夜里已经沿着它的轨道走出了成百万千米的路了。因此这样拍出的两张照片是不会完全相同的。假如把这样拍出的两张照片放在实体镜里，那么你看到的就会不是平面的形象，而是立体的了。

因此，我们就可以利用地球的公转，得到从两个相距极远的地点拍摄出来的照片；这样拍出的照片就是实体照片了。你不妨设想一个巨人，他的两眼之间的距离要用百万千米做单位来量，这样你就可以了解，天文学家靠着天体的实体照片的帮助，得到多么不平常的效果了。

把拍成的月球立体照片拿来仔细观看，我们可以看到，形象显著地圆凸起来了，仿佛一位巨人雕刻家用他神奇的刻刀把这平面的、没有生气的大石块给雕刻得生气勃勃一般。它面上的凹凸是这么清晰，甚至我们能够利用这些照片量出月球上山的高度来。

实体镜在现在也用来发现新的行星——那些在火星和木星轨道之间绕转的许多小行星。不久之前，发现这种小行星还只是碰运气的事情。但是现在只要用实体镜把不同时间拍得的某一部分天空的两张照片比较一下就够了。假如在所拍摄的那部分天空有这种小行星，实体镜就会把它显示出来，因为它是要从总的背景里突出来的。

用实体镜不但可以察觉两个点在位置上的不同，而且也可以察觉两个点在亮度上的不同。这使得天文学家有可能去找寻所谓“变星”，就是周期地变换亮度的星。假如某个星的亮度在两张照片上显示得不一样，那么，实体镜就会把这变化亮度的星报告给天文学家。

最后，人们还拍出星云（仙女座星云和猎户座星云）的实体照片；要拍出这种照片太阳系已经嫌不够大了，因此天文学家就利用了我们这个太阳系在众星中间的位置变动：由于太阳系在太空中的这个移动，我们经常是从新的地点去看星空的，而且在经过相当长的一段时间之后，我们所看到的星空的差别会达到连照相机也可以感受到的程度。于是我们先拍一张照片，以后隔一段很长时间再拍一张，这样拍出的两张照片就可以放在实体镜里去观察了。

9.15 三只眼睛的视力

用三只眼睛看东西？难道你有三只眼睛吗？

请往下面读下去吧，我们这里正是要谈三只眼睛看东西。科学虽然不能给人再生一只眼睛，但是它能够使人看到仿佛有三只眼睛才能看到的东西。

让我们从头说起。一个只有一只眼睛能够看东西的人，仍旧能够看实体照片，并且从实体照片得到他原来不可能直接得到的立体感觉。这方法就是把预备给左右两眼看的照片很快交替地在银幕上放映出来就可以了：两只眼睛的人同时看到的东西，独眼的人可以在它们很快的交替中间先后看到。这样所得的结果完全相同，因为很快交替看到在视觉上所引起的感觉，会跟同时看到的一样融合成一体的①。

但是假如这样的话，那么有两只眼睛的人就可以用一只眼睛看两幅很快交替着的照片，同时另一只眼睛去看从第三个地点拍摄的第三张照片。

换句话说，可以对一个物体在三个不同的地点拍出三张照片，就仿佛从三只眼睛看到三个不同的形象。然后把这三张照片里的两张很快交替地出现在看的人的一只眼睛前面：在很快交替的作用下，两张照片给这只眼睛提供了立体的感觉。另外一只眼睛在这个时候去看第三张照片，得到的第三个感觉就会跟方才那个立体感觉连接到一起。在这种情形下，我们虽然只用两只眼睛看，但是得到的印象却跟用三只眼睛去看完全一样。这时候立体的感觉达到了很高的程度。

---

① 有时候我们在电影上可以看到非常显著的凸起的画面，这原因除了前面所说的各项以外，可能也有一部分是由于这里所说的效果，就是说，假如摄影机在拍摄电影的时候均匀地轻微震动着（它是经常这样在震动的，因为受到卷动底片机构的影响），那么各张照片会不完全相同；而当它们在银幕上很快变换的时候，在我们的感觉上就会融合成立体的形象了。

9.16 光辉是什么？

图132也是复制出来的实体照片，表示两个多面体：一张是白底黑线，另一张是黑底白线。假如把这两张图放到实体镜里，你会看到些什么呢？这真使人意想不到。让我们听听赫尔姆霍茨的叙述吧：

如果一个平面在一张实体图上用白色表示，在另外一张实体图上用黑色表示，这两张图的像融合的结果就会得到有光辉的感觉，甚至在两张图所用的纸都是非常不光滑的时候也是这样。用这种方法制出的结晶体模型的实体图，会使人产生一种印象，仿佛结晶体的模型是由光辉的石墨做成一般。利用这种方法，水和树叶等的光辉在实体镜里会显现得更好看。

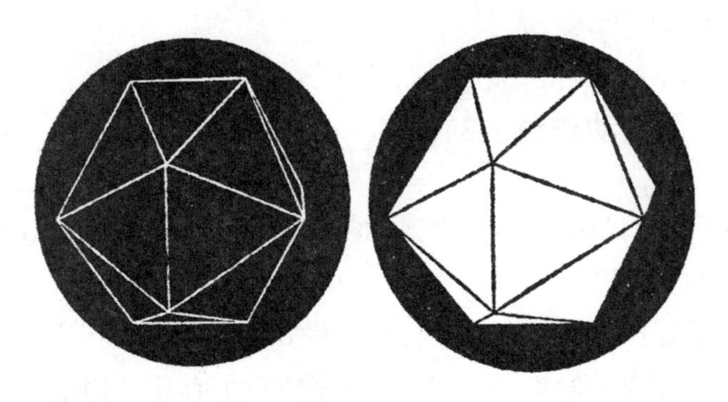

图132　结晶体模型的实体图，放在实体镜里观察，两张图融合在一起，好像在黑色背景上发着光辉。

在生理学家谢切诺夫著的《感觉器官的生理学·视觉》（1867年）里，可以找到这个现象的非常中肯的解释：

把明暗程度或着色深浅不同的表面，用实体观察的方法融合到一起的实验，可以使我们看到物体发出光辉的实在条件。粗糙的表面跟光辉（打磨光滑）的表面实际上有什么区别呢？粗糙表面把光漫射到各个方面，因此，无论眼睛从什么方向向它望去，它都使眼睛感到同一的明暗；光滑的表面呢，却只能够把光向一定的方向反射出去。因此甚至可能发生这种情形：人的一只眼睛向这表面看去可以得到许多反射来的光线，但是另外一只眼睛却几乎一点光线也得不到（这些条件就像正好跟黑白两个表面的实体图融合起来一样）。观察的人两眼分配到不同的反射光线，就是一只眼睛得到的光线比另外一只多，这在观看发出光辉的、打磨光滑的表面的时候是不可避免的。

这样看来，读者可以看到，实体观察法看到的光辉，实在就说明了在两个图形的实体融合上，经验起着首要的作用。只有在视觉器官依靠经验，能够把两眼视野的差异跟某一个实际看到的熟悉情形联系起来的时候，两眼视野的冲突才会变成实体的感觉。

我们的结论是这样：人们所以能够看见光辉，原因（至少是原因的一个）是左右两眼得到的像的光度不同。这个原因，假如没有实体镜的话，就恐怕很难发现了。

9.17 在很快动作时候的视觉

前面我们已经说过，同一个物体的不同形象很快交替地映入眼帘，就会产生立体的感觉。

于是发生了一个问题：这种立体感觉的产生，是只限于不动的眼睛接收到交替着的形象的时候，还是在反过来的情形也可以产生同样的效果——就是形象不动，看这形象的眼睛却很快地移动呢？

这一点，大家一定猜到，就是在这情形下一样可以得到立体的效果。大概许多读者一定曾经发现，从行驶的火车里拍摄的电影画面会给人一种不寻常的立体感觉，不比实体镜里看到的差。当我们乘火车或汽车很快行驶的时候，如果适当注意我们看到的视觉上的印象，也能够直接证明这一点：这样观察的风景，会使你有立体的、远近分明的感觉。我们知道一只不动的眼睛看的时候只能够分辨450米以内物体的远近，现在在车上看的时候，这个距离的限度会显著增加，可以比450米远很多。

我们从行驶很快的车窗口望出去，看到外面的风景觉得很生动，这个原因不正是在这一点上吗？从车窗口望出去，远的地方仿佛正在后退，我们从那四周伸展得很远的地平线能够清楚地看得出大自然的宏伟。当我们乘着行驶很快的汽车驶过树林的时候，也由于同一个理由，我们觉得每一株树、每一根树枝、每一片树叶都显得很突出，分得清清楚楚的，而不是混在一起，像一个固定不动的观察的人所看到的那样。

当我们的汽车在山地上沿着公路很快行驶的时候，我们的眼睛也能够直接看出整个地面的起伏，山和谷也显得格外高低分明。

这一切，独眼的人也都可以看到，这对他们来说简直是完全新鲜的，是从来没有见过的。我们已经指出，要得到立体的视觉，完全不像一般人所想象那样一定要用两只眼睛来看，这种立体视觉也可以用一只眼睛得到，只要有不同的画面用足够的速度交替着就行①。

要证明方才所说的很容易，只要你坐在火车或汽车里看外面的时候多注意一点就行了。这时候你可能发现另外一个现象，这个现象人们早在一百年前就已经知道（但是，已经忘了的东西也不妨算是新的！）：在车窗近旁很快闪过的物体仿佛缩小了一般。这个事实跟实体观察法很少有关系，这只是因为我们看见这么快闪过的物体，就错误地认为它离我们很近罢了；因为我们知道物体放得近的，我们看起来多大，它实际大小也不过这些；物体放得远的，我们看起来不大，实际上要比看到的大，因此我们平常判断一个物体大小，常常不自觉地把这一点估计进去了。这个解析是赫尔姆霍茨提出来的。

9.18 通过颜色眼镜

假如你通过红色玻璃去看写在白底上的红字，你会只看到一片红色，别的什么也看不见，什么字迹都不可能看见，因为红颜色的字迹和同样红色的底子融在一起了。但是如果经过红玻璃去看写在白底上的灰色字迹，你就会看到红色底子上的黑色字迹。为什么是黑色字迹，这一点很容易明了：红色玻璃不让灰色光线通过（正因为它只让红色光线通过，因此它才

① 从转弯中的火车拍电影，假如所拍的物体是在转弯曲线的半径方向上，拍出的影片就会有极显著的立体形象。这一件事实也可以用同样的理由来解释。这种所谓“铁路效果”，电影摄影师都知道得很清楚。

是红色的）；因此在灰色字迹的地方，你应该看到那里没有光，也就是说，看到了黑色的线纹。

所谓“凸雕”的作用，就是根据颜色玻璃的这个性质的（凸雕画是用特别方法印制出来的，有跟实体照片相同的效果）。在凸雕画上，左右两眼所看到的两个形象是重叠地印在一起的，两个形象的颜色不同：一个灰色，一个红色。

要从这两个颜色形象看到一个黑色立体形象，只要戴上颜色眼镜去看就可以了。右眼通过眼镜的红玻璃，只看到灰色的形象，就是只看到右眼应该看到的那个形象（当然右眼所看到的是黑色而不是灰色的）；左眼呢，通过灰色的玻璃也只看到这只眼睛应该看到的红色的形象。每只眼睛只能看到一种形象——它应该看到的形象。这样一来，我们又有了跟实体镜相同的条件，因此结果也应该相同，得到立体的印象了。

9.19 “影子的奇迹”

电影院里时常可以看到的“影子的奇迹”，也是根据方才所说的原理来的。

所谓“影子的奇迹”，就是在走动的人映在银幕上的影子会给观众（戴有双色眼镜的观众）提供立体形象，仿佛从银幕前面凸出了一般。这也是利用两种颜色所起的实体的效果。如果我们要把某一个物体的影子凸出在银幕上，就把这个物体放在银幕和两个并列光源——红绿两色——中间。于是银幕上就得到两个颜色的影子——一个红色，一个绿色，有一部分互相重叠。观众呢，是透过两片颜色玻璃（红绿两色）的眼镜向这两个影子望去，而不是直接用眼睛去看的。

我们方才讲过，在这种情形下，就会看到形象仿佛从银幕平面上向前凸了出来一般。这种“影子的奇迹”非常好看，有时候就好像一件东西丢出来，正向观众飞过来似的；或是，一只巨大的蜘蛛正在空中向观众走来，使得观众不由惊呼起来，掉转头去。

这儿整个“机关”是非常简单的，看图133就可以明白了。图上左

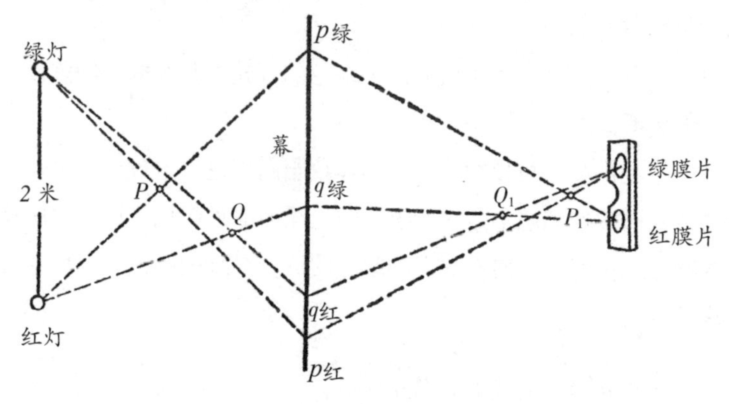

图133 “影子的奇迹”的秘密。

侧表示红绿两灯，P、Q是放在灯和银幕中间的物体；旁边注有“红”、“绿”字样的p和q表示这两个物体射在幕上的颜色的影子，P_1和Q_1表示看的人通过红绿两玻璃片能够看见这两个物体的位置。当幕后做道具用的“蜘蛛”从Q移到P点的时候，看的人就会觉到它仿佛从Q_1爬到P_1一样。

一般说来，那物体在幕后向光源接近，使得幕上的影子放大，就会使有的人产生一种错觉，仿佛这物体从银幕向看的人走来。看的人感到仿佛从银幕向他飞去的物体，实际上恰好是依相反方向——从银幕向光源——在移动的。

9.20 颜色的意外变化

在一个“趣味科学宫”里面，有一套实验极受观众欢迎；把这套实验在这里提出来，应该是很合适的。在一个大房间的角落里，有跟大客厅里一般的陈设。在那里你可以看见罩有暗橙色布套的木器，覆着绿色台布的桌子；桌上是盛着红色果子汁和花朵的玻璃瓶；书架上排满了书，书脊上有各种颜色的字。起初，这一切都是在白色灯光下的，接着，旋动了开关，白色灯光换成红色。这使得客厅里起了意想不到的变化：木器变成玫瑰色的了；绿色的台布变成了暗紫色；瓶里的果子汁变成跟清水一般没有颜色了；花朵也全变了颜色，变成了另外一种花了；书脊上的字呢，连痕迹也不留地消失了……

继续把开关旋动，室里就充满了绿色的灯光，整个客厅的陈设于是又变得使你认不得了。

这些有趣的变化可以很好说明物体色彩的理论。这理论基本的一点就是，物体表面的颜色总不是它所吸收的光线的那种颜色，而是它所反射的光线的颜色，也就是投向看的人的眼里的那个光线的颜色。这情形可以归纳成这样：

“当我们用白色光线照射物体的时候，红色是因为绿色光线被吸收而形成的，绿色是因为红色光线被吸收而形成的，除这两种情形外，其余的颜色是都显了出来的。可见，物体是用不寻常的方法得到它的颜色的：有颜色不是加上什么的结果，而是减去什么的结果。”

因此，方才那块绿台布在白色灯光下之所以显出绿色，就是因为它能够反射绿色的以及在光谱上跟绿色相近的光线；至于其余的光线，绿色台布只能反射微小的一部分，大部分却给吸收了。假如把红紫两色的混合光线射到这块台布上，这块台布反射的就几乎只是紫色的光线，而把大部分红色光线吸收，因此眼睛就得到暗紫色的感觉。

那个客厅里的一切颜色变化，原因大概就是这样。值得怀疑的只有一件事情：为什么那瓶红色的果子汁会在红色灯光下面变成仿佛没有了颜色？这问题的答案，是因为这个瓶下面垫着一块白色的布，这块布铺在绿色的台布上。假如把这瓶从白布上拿下来，那么就会发现，在红色光线下面，瓶里的液体不是没有颜色，而是红色的了。这液体只在跟白布放在一起的时候才会显得没有颜色，原因是白布在红色灯光下面变成了红颜色，但我们由于习惯并且由于跟深颜色台布的对比，继续把它认做白色的，而瓶里液体的颜色跟我们认做白色的台布的颜色一样，因此我们会不自觉地把瓶里饮料也看成白色；于是它在我们眼里就已经不是什么红色果汁，而成了没有颜色的水了。

上面这个实验，也可以简化一下：只要找些不同颜色的玻璃片，透过它们去看四周的东西，就可以得到相仿的效果。

9.21　书的高度

试请你的朋友用手指在墙壁上指出，他手里拿着的一本书，假如齐墙根竖立在地板上的话应该有多高。等他指出之后，你把那本书放到墙根上去比一下：书的实际高度竟几乎只有你那朋友所指的一半。

假如你不让你的朋友弯下腰去在墙上指出高度，只叫他口头说明这本书应该高到墙上的什么地方，那么这个实验就会得到更好的效果。自然，这实验不只限于拿书来做，也可以用灯泡、呢帽或别的我们平常总是用眼睛平看的东西。

这儿发生错觉的原因，是在于我们顺着某一个物体的长度方向望过去，这个长度会显得短一些。

9.22　钟楼上时钟的大小

方才你的朋友在判断书的高度时候所造成的错误，我们在确定很高地方的物体大小的时候也经常会发生。譬如，在我们确定钟楼上时钟大小的时候，得到的错误会特别显著。我们大家自然都知道这种钟是非常大的，但是我们所想象的它的大小，总要比它实际的小。图134是伦敦威斯敏斯特教堂顶上的时钟钟面卸下到马路上的情形。人跟这只钟相比，简直小得像甲虫一样了。还有，你看到图上那座钟楼，再看马路上的时钟，你一定不肯相信那钟楼上的圆孔会装得进这只时钟的。

图134　威斯敏斯特教堂顶上的时钟的大小。

9.23 白的和黑的

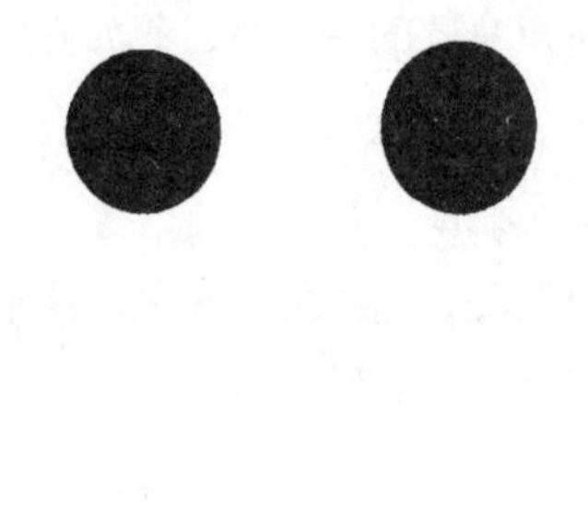

请从远处向图135望去，告诉我下面的黑点跟上面随便哪一个黑点之间的空隙里，能够容纳得下几个一样大小的黑点——四个呢还是五个？我想你一定会很快回答，放四个太宽，放五个怕又放不下。

但是，假如我现在告诉你，说那个空隙里一共只能够容纳三个黑点，不能够再多放了，你一定不会相信。那么就请你拿一条纸条或者圆规去量一下，证明我的话并没有错。

图135　下面的黑点跟上面随便哪一个黑点之间的空隙，看起来仿佛比上面两点外端边缘之间的距离大。实际上两个距离是相等的。

这里黑色的一段距离在我们的眼睛里看去觉得比同样长短的白色的一段距离短，这个错觉叫做“光渗现象”。这个现象是由于我们眼睛不够完善所产生的，因为我们的眼睛如果当做一种光学仪器来说，还不能够百分之百地适应光学的严格要求。眼睛里折射光线的介质在视网膜上形成的像的轮廓，比不上在校准得很好的照相机的毛玻璃上所得到的那么清楚：由于所谓“球面像差”作用的结果，在每个光亮的轮廓外面有一圈光亮的镶边围绕着，这镶边就会把这轮廓在视网膜上放大，结果使得光亮的部分看起来仿佛比跟它相等的黑色部分大了。

大诗人歌德是一个自然现象的精细的观察者（虽然不一定是一个足够深入的理论物理学家），他在“论颜色的科学”里，写过下面的一段话：

深颜色的东西看起来要比同样大小的鲜明颜色的东西小。假如把画在黑色背景上的白圆点跟画在白色背景上的同样大小的黑圆点同时放在一起看，会觉得黑圆点要比白圆点小20%。假如把黑圆点适当地放大，那么两种圆点看起来就仿佛相等了。一弯新月看起来仿佛是比月面的阴暗部分（有时候它是可以看得出的）有更大直径的圆的一部分。穿深色衣服的人，要比他穿鲜明颜色衣服的时候显得瘦些。从门框后面看一只灯，可以看到正对那灯的门框旁边仿佛缺了一些。放在烛光前面的一只尺，在正对烛光的地方显出有一个凹痕。日出和日落的时候，地平线上都仿佛有一个凹陷似的。

歌德的这些观察，大体上都是正确的，只有一点，就是白圆点并不一定比黑圆点大几分之几。这个差数是随着我们看这两个圆点的距离的增加而提高的。下面我们就可以明白为什么是这样了。

试把图135移得远些，那么你所得到的错觉也就更加厉害，更加惊人。这个解释是那镶边的阔度总是不变的；因此，假如它在近距离的时候把光亮部分加阔了10%，那么在远距离的地方当形象的本身减小了的时候，这加阔的就不止是10%，而会是加阔了30%或50%了。

我们眼睛的这个特点，一般还解释了图136的那个奇怪的性质。这个图当你近看的时候，看见的是黑色背景上的许多白圆点。但是如果你把书移到比较远的地方，从2~3步远的地方，或者，假如你的目力好的话，就从6~8步远的地方向它望去，这图就完全变了一个样子：你看到的已经不是白圆点，而是像蜂房一样的白色的六角形了。

图136　在比较远的地方望去，圆点变成六角形了。

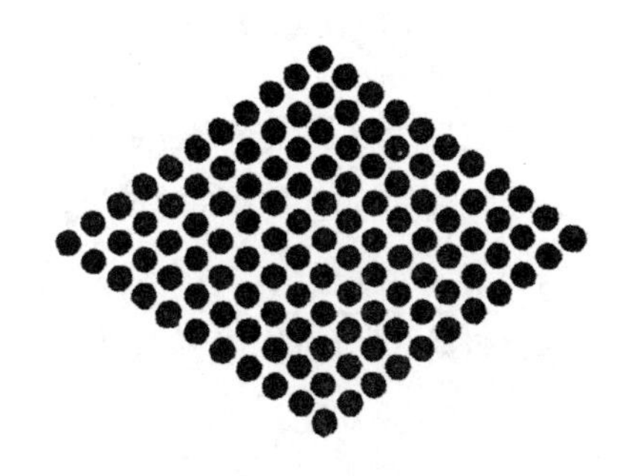

图137　黑圆点从远地方看去也变成了六角形。

有人把这个错觉用光渗现象来解释；但当我发现，虽然光渗现象不会把黑圆点放大，只会缩小，可是白底上的黑圆点从远地方看仍旧会像六角形（图137），这个说法就不能使我满意了。我们应该说，关于视觉上的错觉，现在所有的解释都不能够认为是十分完备的，许多错觉甚至到现在还没有找到它的解释。

9.24 哪一个字母更黑些?

图138[①]使我们认识了人的眼睛的另外一个不够完善的地方，认识了所谓“像散现象”。

假如你用一只眼睛向图138望去，你会感到这四个字母仿佛并不是一样黑的。就请你认出哪一个字母最黑，然后从图的侧面再向这四个字母望去。这样就会发生一个意外的变化：方才那最黑的字母已经变成灰色的了，而现在最黑的字母，已经是另外一个了。

图138　请用一只眼睛来看这图。四个字母里面，就有一个显得仿佛更黑些。

实际上这四个字母黑的程度都是一样的，只是涂着不同方向的阴影线罢了。假如眼睛的构造跟最好的玻璃透镜完全相同，那么阴影线的方向就不会影响到字母的黑色程度。可是我们的眼睛对于各种方向上的光线并不完全一样地折射的，因此我们就不可能同时清楚地看到垂直、水平以及斜向的线条。

完全没有这个缺点的人是很少有的，有些人的眼睛，像散作用达到了严重的程度，以致显著地妨碍了他的视觉，降低了视觉敏锐的程度。这种

① 图上是四个俄文字母，这四个字母组成的单字，意思是眼睛。

人要想清楚地看到东西，就得戴特制的眼镜。

人的眼睛还有别的缺点，可是制造光学仪器的技师却会把这些缺点克服。赫尔姆霍茨对于这些缺点曾经这样表示："假如有一个光学仪器制造家想把有这些缺点的仪器卖给我，我认为我有权利用最不客气的方式指出他的工作的不经心，把他的仪器还给他，并向他提出抗议。"

但是，除了这些由于人体构造上缺点所引起的错觉之外，我们的眼睛还会接受一系列的欺骗，这些欺骗是有完全另外一套原因的。

9.25 活的相片

我想大家一定看见过两眼向我们望着的相片，相片上的人不但一直向我们看着，而且还用他的两眼监视着我们的行动：我们走到东，它就望到东，我们走到西，它就望到西。这种相片的奇异特性还在很久以前就被人们注意到了；许多人对它都感到谜似的难解，而神经质的人时常会被它吓得惊慌失措。

这种情形，在果戈里写的《相片》一文里，有很好的描写：

那两只眼睛盯住了他，就好像除他之外，不愿意再看别人一般……相片不顾四周所有的一切，一直向他盯着，仿佛要盯进他的身体里去似的……

关于相片上的眼睛的这种特性，有过不少迷信的传说（就在那篇《相片》里也有提到），但是实际上这个谜底却很简单，揭开来，也不过是视觉的一种错觉罢了。

整个的解释只有一句话，就是因为这种相片上的两只瞳仁都画在眼睛的正中央。假如一个向我们望着的人，他的两眼就正是这个样子的；但是当这个人向我们旁边看去的时候，我们会发现他的瞳仁就已经不在眼睛的中央，而是略向一边移转了，也就感觉不到他在盯着我们了。不管我们向相片在哪一边走，相片的两个瞳子并不改变它们的位置，就是仍旧留在眼

图139　奇怪的相片。

睛的正中央，而且我们看到的整个面孔也仍旧在原来的位置上，于是我们会很自然地感到相片仿佛向我们这边掉转了头来监视着我们了。

同样的方法，可以用来解释某些图画上相似的特点：一匹马在图画上一直向我们奔来，不管我们避开到什么地方；一个人永远向我们指着，他的向前伸出的手永远一直指向我们，等等。

图139就是这种情形的一个例子。这样制出的大幅图画常常用来做宣传鼓动工作或者用来做广告。

假如我们把这一类错觉的原因好好想一下的话，那么就会明白，这里面不但没有什么值得惊奇的地方，而且恰恰相反，假如图画没有了这种特性，倒是值得惊奇的了。

9.26　插在纸上的针和视觉上的别种错觉

图140画着一组大头针，初看并不觉得有什么特别的地方。现在请你把书放平，提高到跟眼睛相齐，闭上一只眼睛，用一只眼睛从针尖那一边望过去，使你的视线恰好沿着每一根大头针滑过（要把眼睛放在这些直线的延长线相交的一点）。这样，你就会觉得这些大头针不是画在纸上而是直插在纸上。把头略向一旁移动，你就会看见，仿佛这些大头针也都向这个方向倾斜过去一样。

这个错觉可以用透视定律解释：图上的直线恰好跟你用上面所说方法看去的时候许多竖立着的大头针的投影一样。

我们时常要听从错觉的支配，但是这一点不能够完全认为是视觉上的缺憾。它也有非常有利的方面，一般人就时常忘记了这一点。问题在于，假如我们的眼睛不受任何错觉的作用，那么就不可能有绘画，我们也要失去欣赏一切美术的机会了。美术家正是广泛地利用了人类视觉上这个缺点的。

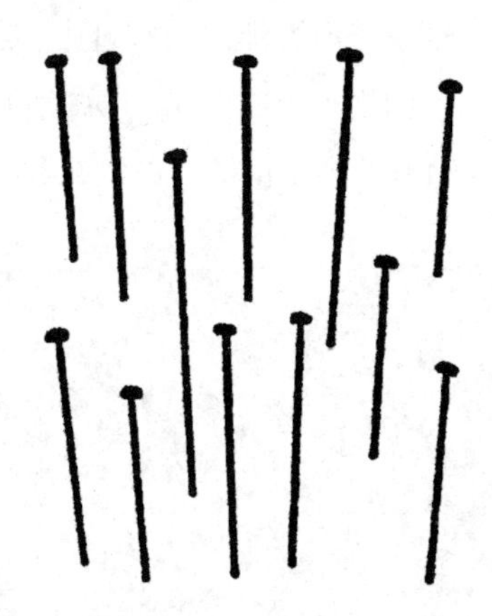

图140　把睁开的一只眼睛放在这些直线相交的地方，就会看到许多大头针仿佛是插在纸上的。

18世纪的学者欧拉在他的有名的《有关各种物理资料书信集》里写道：

整个绘画艺术是建筑在这个欺骗上的。假如我们习惯按真实的情况去判断物体，那么，美术就没有地位，跟我们瞎了眼睛一般。那时候美术家会枉费了放在调色上的全部心机；我们会对他的作品这样说：这儿是一块红斑，这儿是灰色的，那儿呢，一片黑的和一些白线；这一切都在同一个平面上，看不到什么距离上的差别，而且也一点不像什么东西。无论这幅作品上画着些什么，对我们说来，就会像纸上写的信一样……在这种情形，我们失去了愉快的有益的美术每天给我们带来的乐趣，不是会觉得可惜吗？

光学上的“欺骗”非常之多，我们可以把视觉的错觉的各种例子收集成整本册子，这里面有许多大家都已经很熟悉，也有一些知道的还比较少。下面让我再举几个大家不大熟悉的有趣的例子。

图141和图142是画在格子背景上的图，这两张图的效果都很好：你的眼睛一定不肯同意说图141上的字母[①]是竖直的，而你更难同意的是，图142上画的图竟不是一个螺旋形！你只好用直接的实验来断定：把铅笔尖

① 这4个俄字母组成的单词，意思是影子。

放到你认为是螺旋的线纹上，沿着那曲线画过去，就会知道你自己的判断错了。同样，你可以利用圆规来证明图143上*AC*线并不比*AB*线短。至于图144、图145、图146、图147的详细情形，可以看各图的说明。

图141　字母都是竖直的。

图142　图上曲线看来仿佛是螺旋形，实际上却是一些圆，只要用铅笔画一下就知道了。

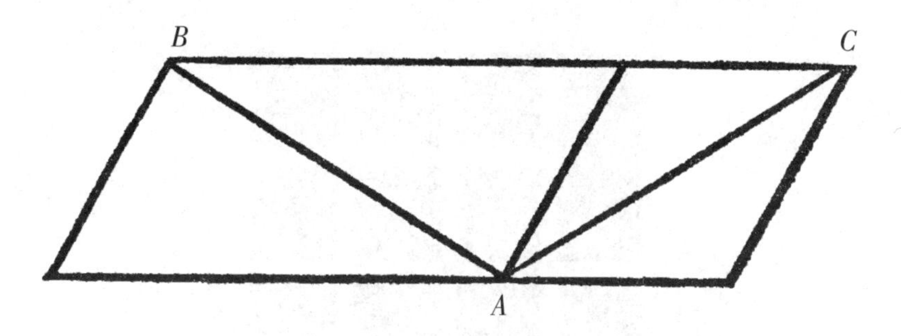

图143　*AB*和*AC*两线段相等，但是一眼望去，觉得*AB*似乎长些。

图146所生的错觉，竟严重到这样的情形：这本书最初某一版排印的时候，发生过一件趣事，当出版者从制锌版的人手里拿到了这图的锌版，竟认为那锌版还没有做完，准备送回制版的人，叫他把白线交叉地方的灰色斑点去掉，我凑巧走进去，才给他解释明白了。

图144　横过阔线的斜线，好像是折曲的。

图145　白方块和黑方块一样大，白圆点和黑圆点也一样大。

图146　在白线叉的地方，会有一些略带灰色的方斑点忽显忽灭，像闪烁一般。事实上这些线是完全白的，只要用纸片把上下行黑块遮起就可以看到了。这是对比的结果。

图147　黑线交叉的地方，显出了灰色的斑点。

9.27　近视眼怎样看见东西?

患近视的人没有眼镜的话，是看不清楚比较远的东西的；但是他们在不戴眼镜的时候究竟能看见些什么，他们所看到的东西究竟是什么情形，这却是有正常视力的人难以理解的。但是患近视的人既然那么多，那么，了解他们所看到的周围世界，应该是一件有益的事情。

首先，患近视的人（自然这里是指没戴眼镜的人）永远不可能看到线条分明的轮廓，一切东西对他们来说都有模糊的外形。一个视力正常的人，向一株大树望去，能够清楚地在天空背景上辨出个别的树叶和细枝。患近视的人却只看到一片没有明显形状的模糊不清的幻觉般的绿色，细微的地方是完全看不到的。

对于患近视的人，人的面孔要比正常视力的人所看到的更年轻更整洁，因为面孔上的皱纹和小斑疤他们都看不见，粗糙的红色的皮肤也像是柔和的苹果色。我们有时候会觉得奇怪，某人判断别人的年龄往往会差了20岁，对于美的鉴别力很奇怪，他时常一直把头伸到我们面前来向我们看，仿佛从来不认识一样……这一切常常不过是由于他近视的缘故罢了。

普希金的朋友、诗人捷尔维格回忆说："在皇村，我被禁止戴眼镜，因而妇人们对我来说都是那样美丽；可毕业以后禁令解除，我却陷入了失望之中。"

一个患近视的人不戴眼镜跟你谈话的时候，他根本看不到你的面孔，至少他所看到的，跟你所预料的不同：在他面前只是一个模糊的轮廓，看不出面孔上什么特点，因此，一小时后假如他再碰到你，他已经不认识你了。患近视的人辨别一个人，大多是根据对方的声音，而不是根据对方的外形。这里视觉上的缺憾从听觉的敏锐上得到了补偿。

研究一下夜里的情形对于患近视的人是怎么一回事，也是很有趣的事情。在夜里的灯光下面，一切光亮的物体，像电灯、照得很亮的窗玻璃等，对于患近视的人都变成很大，他所看到的就是不规则的光亮斑点和一些黑影。街灯在患近视的人看来只是两三个大光点，笼罩了街道上别的部分。他们看不见驶近的汽车；看到的只是两个明亮的光点（头灯），后面只见黑漆漆的一大片。

甚至连夜里的天空，患近视的人所看到的也跟正常视力的人大不相同。患近视的人只能看到前三四等星，因此，他所能够看到的，不是几千颗星，而只是几百颗。但是这几百颗星在他看来却像一些很大的光球。月亮在患近视的人看来显得非常大而且好像非常近；“半月”在他看来形状很复杂，很奇怪。

这一切歪曲以及仿佛放大的原因，当然是由于患近视的人的眼睛的构造上有毛病。患近视的人眼球太深了，它收到的外面物体上每一点所发的光线，不能够恰好集中在视网膜上，而是在视网膜的前面。因此光线射到眼球底部的视网膜的时候，已经又散了开来，就形成了模糊的像。

10

Chapter

第十章
声音和听觉

10.1 怎样寻找回声?

谁都没有看到过它,

听呢,——每个人都听到过,

没有形体,可是它活着,

没有舌头——却会喊叫。

——涅克拉索夫

马克·吐温写过一个笑话,说到一位不幸的收藏家想搜集……你猜搜集什么?搜集回声!他不辞劳苦地收买了许多能够产生多次回声的土地。

首先,他在乔治亚州收买回声,这地方的回声可以重复4次,接着跑到马里兰去买6次回声,以后又到美恩去买13次回声。接下去买的是堪萨斯的9次回声,再下去是田纳西的12次回声,这一次买得非常便宜,因为峭岩有一部分崩毁了,需要加工修理。他以为可以把它修理好,但是担任这个工作的建筑师却向来没有过把回声变成三倍的经验,因此终于把这件事情搞坏了——加工完毕以后,这地方恐怕只适宜给聋哑的人去住了……

这当然只是开玩笑;但是很好听的多次回声却也的确在地球上各地方存在着,有的很早就已经引起大家注意,变成全世界出名的地方了。

这里可以提几个有名的回声的例子:在英国的武德斯托克,回声可以清楚地重复17个音节,格伯士达附近迭连堡城的废墟能够得到27次的回声,后来一堵墙壁给毁坏,这回声才"静默"下去。捷克斯洛伐克的亚德尔士巴哈附近一个圆的断岩,在一定的地方上可以使7个音节做3次重复的回声,但是离这个地点几步,即使步枪的射击也不会发生回声。更多次数的回声曾经在米兰附近的一座城堡(现在已经不存在了)听到过:从侧屋窗子放出的枪声,回声重复了40~50次;用大声读一个单字,也能够重复30次之多。

其实要想找到一个仅能听到一次回声的地方倒是不容易的。在我们国家也有很多能听到很多次回声的地方。因为这里被森林包围的平原众多，有很多林间空地。只要站在空地里大声喊叫，就会多多少少从林间反射来回声。

山地里的回声跟平地上不同，种类很多，可是听到的机会反而少。在山地里，要听到回声比在树林环绕着的平地里困难。

回声实际上就是从某个障碍物反射回来的声波，它和光的反射一样。“声线”（就是声波传播的方向）的入射角也等于它的反射角。现在请设想你站在山脚下（图148），而那会把你的声音反射回来的障碍物比你站立的位置高，例如在*AB* 的地方。这儿不难看到，沿着*Ca*，*Cb*，*Cc*等线向前扩展的声波，经过反射，就不会到达你的耳朵，而在空间沿*aa*，*bb*，*cc*等方向散射开去。假如你站立的位置和障碍物在同一水平或者比障碍物高（图149），那么情形就两样了。沿*Ca*，*Cb*向下传播的声音，沿*CaaC*或*CbbbC*折线，从地面反射一两次后，会又回到我们的耳边来。两点之间地面的凹陷，会使回声更加清晰，起着像凹面镜一样的作用。相反，假如*C*，*B*两点之间的地面是凸起的，那么这回声就很微弱，甚至根本不会传到你的耳朵里；这样的地面会和凸面镜一样，把“声线”散射开去。

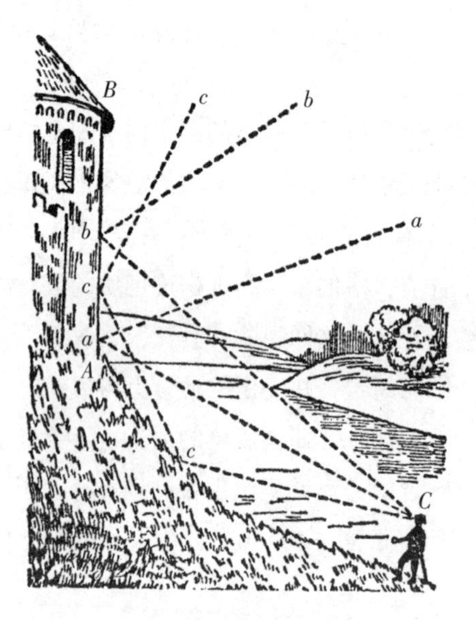

图148　没有回声。

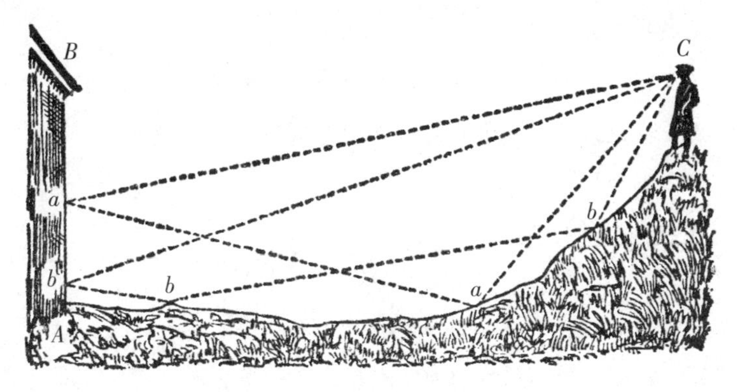

图149　清楚的回声。

在不平坦的地面上寻找回声，是需要一定的技巧的。甚至已经找到了最合适的地方，还得知道怎样把它“召唤”出来。首先，你不可以站在离障碍物太近的地方：应该让声音走过一段相当远的路——否则回声回来得太快，会跟原来发的声音汇合到一起。我们知道声音的速度是每秒340米，那么就不难了解，当我们站在离障碍物85米的时候，你应当在发出这声音以后半秒钟，听到这个回声。

虽然回声的产生是“由于一切声音在空旷的空间产生自己的反映”，但并不是所有声音反映得同样清晰。“野兽在森林里吼叫，或者是号角在吹，或者是雷声在轰鸣，或者是一个女孩子在土丘后面歌唱”，所得到的回声都各不相同。所发声音越尖锐、越断续，所得到的回声就越清晰。最好是用拍手来引起回声。人的声音引起的回声比较不清晰，特别是男子的声音；妇女和孩子的高音调可以得到清晰得多的回声。

10.2　声音代替量尺

知道了声音在空气里的传播速度，在某些情形就可以用来测量不可接近的物体的距离。这件事情在儒勒·凡尔纳的《地心游记》小说里也有过描写。小说里的两位旅行家——教授和他的侄儿——在地下旅行的时候走散了。后来他们能够听到对方的声音，这时候两人之间曾经有过这么一段对话（这段故事是用侄儿的口吻叙述的）：

"叔叔！"我喊道。

"什么事，我的孩子？"一会儿之后，我听到了他的回答。

"首先我想知道，我们两个人离开得有多远？"

"这个容易！"

"你的表走得好吗？"

"好的。"

"请你把它拿在手里。喊一声我的名字，并且就在喊的时候，记着表上的秒数。我一听到你的喊声，就立刻重复一声我的名字，你就把听到我的声音的时刻记下。"

"好的。那时候从我发出声音到我听到你的声音这个时间的一半，就表示声音从我这里走到你那里所需要的时间了。你准备好了吗？"

"准备好了。"

"注意了！我喊你的名字了！"

我把耳朵贴着墙壁。一等"亚克谢立"[①]这个声音传到我的耳朵里，我立刻重复了这个喊了一声。

"40秒，"叔叔说，"因此，声音从你那里到我这里一共走了20秒。声音每秒钟大约走三分之一千米[②]，20秒钟大约走7千米。"

假如在这一段里所讲的内容你能够完全明白，那么你就会自己很容易地去解答同一类的问题了。

我在望到离得很远的火车头放出汽笛的白气以后，过了一秒半钟，才听到了汽笛声。问我离这火车多远?

10.3 声音的镜子

树林、高院墙、大建筑物、高山，总之，一切反射回声的障碍物，都可以说是声音的镜子；这些东西反射声音的情形，跟平面镜反射光线的情

① 这四个俄字母组成的单字，意思是影子。

② 在地心的两个地点中间不见得会全是空气，很可能中间隔着岩石，而声音在岩石里的传播速度并不是每秒钟三分之一千米，这一点小说的作者大概也是疏忽了。

形相同。

这种声音的镜子不但有平面的，还有曲面的。凹面的声音的镜子作用跟反射镜一样，会把“声线”聚集在它的焦点上。

你只要找两只盘子来，就可以做一个有趣的实验。请把一只盘子放在桌子上，把你的怀表用手拿在离这只盘底几厘米高的地方，拿另外一只盘子侧放在头旁边耳朵附近，如图150。假如表、耳朵和盘子的位置都选得正确（在几次试验以后就会成功），你会听到表的滴答声仿佛是从头旁边的盘子上发出的一样。假如你把眼睛闭起来，这个错觉就会更加厉害，那时候就真会不可能单凭听觉来判断，你的表究竟拿在哪一只手里——拿在左手还是右手里。

图150　声音凹面镜。

中世纪城堡的建筑师时常造出一些声音上的怪事，他们把半身人像安放在声音的凹面镜的焦点上，或者放在巧妙地隐藏在墙壁里的传声管的一端。图151是从16世纪一本古书上复制出来的，那儿可以看到上面所说的那些异想天开的装置：拱形的天花板把经过传声管从外面送进来的声音送到石膏像的嘴上；暗装在建筑物里的很大传声筒把院子里的各种声音送到大厅里的半身人像旁边，等等。走进这种房间里的客人，会觉得云母石的半身像好像会说话唱歌一般。

图151　古代城堡里的声音的怪事——会说话的半身像（这幅图是从1560年出版的一本书里复制出来的）。

10.4　剧院大厅里的声音

时常到各种剧院和音乐厅去的人，一定都清楚地知道：有些大厅里，演员的言语和音乐的声音可以在很远的地方听得明了清楚，但是在有一些大厅里，虽然坐在前排，也听得不大清楚。这现象的原因，在一部讲声波和它的应用的书里有很好的说明：

在建筑物里发生的随便什么声音，会在声源发声完毕以后继续传一个相当长的时间；它在多次反射作用下，绕着整个建筑物传了好几次，——但是在这同时，别的声音又接着发了出来，使听的人时常不可能把各个声音一个一个辨别清楚。例如假定一个声音要继续存在3秒钟，又假定讲话的人每秒发出3个音节，那么那相当于9个音节的声波就会一起在房间里行进，因此产生了一团糟的噪音，使得听众没法听懂讲话人要讲的意思。

在这种情形，讲话的人只好一个字一个字分得非常清楚地讲下去，而且不要用太大的声音。但是一般的情形恰恰相反，讲话的人在这种情形往往更提高了声音，这样就只会把噪音更加增强了。

还在不久以前，能够建造出合于声学要求的剧院是被认为侥幸的事情的。现在呢，人们已经找到方法去消灭这种扰乱声音的现象（这现象叫做交混回响）。这本书不打算详细谈这个问题，因为这只有建筑师才感兴趣。我们只指出一点，就是，消灭交混回响现象的方法，主要是建造能够吸收剩余声音的墙壁。吸收声音最好的是打开的窗子（就像孔吸收光最好一样）；人们甚至把一平方米的打开的窗子用来做吸收声音的计量单位。坐在剧院里的观众也很能够吸收声音，虽然他们的吸收能力要比打开的窗子小一半：一个人吸收的声音相当于半平方米打开的窗子。一位物理学家说过，“观众吸收讲演人的演词，所谓‘吸收’可以照这个词的表面意义讲”，如果他这句话说得不错，那么，空虚的大厅对讲演的人是不利的，这句话也就可以照它的表面意义来讲。

反过来说，假如声音的吸收太强了，这也会使声音听不清楚的。第一，过度的吸收会把声音减弱；第二，会把交混回响的作用减少得太多，使得声音听起来断断续续，给人一种枯燥的感觉。因此，我们固然应该避免过度的交混回响，但是太短的交混回响也不好。那么交混回响究竟要有怎样的程度才合适，这对于各种大厅是不一样的，应该在设计每座大厅的时候来决定。

剧院里还有一个东西，从物理观点上看是很有趣的，这东西就是在台前提词用的台词厢。你可曾注意所有剧院的台词厢都是同一形状的吗？这原因是，台词厢的本身等于一种声学仪器。台词厢的拱壁等于一个声音的凹面镜，它起着两种作用：首先阻止提词的人发出的声波传播到观众方面去，其次还把这些声波反射到舞台上。

10.5 从海底来的回声

人们有很长的一段时间没有从回声身上得到一点好处，后来才想出一个方法，利用它来测量海洋的深度。这件发明是偶然得到的。1912年，一只很大的邮船“泰坦尼克”号跟冰山相撞沉没了，几乎全部乘客遇难。为了保证航行的安全，人们想在浓雾里或者夜里行船的时候，利用回声来发现前进路上有没有冰山。这个方法实际上并没有成功，但是引出了另外一个想法：利用声音从海底的反射来测量海洋的深度。这个想法已经得到了成功。

图152是这种装置的简图。在船的一侧的底舱里靠近船底的地方有一个弹药包，在燃烧的时候发生激烈的声音。这声波穿过水层到了海底，反射以后的回声折回到水面上来，由装在舱底的灵敏的仪器接受下来。一只准确的时计量出了发出声音和回声到达相隔的时间。我们已经知道了声音在水里的速度，就很容易算出反射面的距离，换句话说，就是测出了海洋的深度。

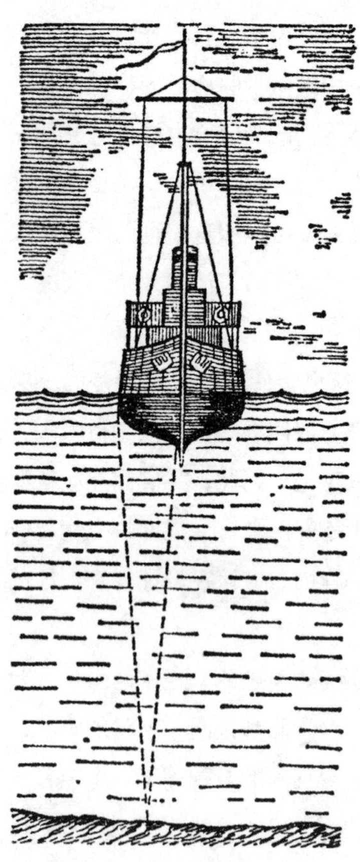

图152　回声测深器装置简图。

这种测量海洋深度的装置叫做回声测深器，在测量海洋深度的工作上起着极大的作用。应用从前的测深器，只能在船只不动的时候测量，而且要花许多时间。那系测锤的绳要从它缠绕着的轮盘垂下去，而且垂下得相当慢（每分钟约150米）；把它从海底提出也是这么慢。因此，要测量3千米的深度，用这个方法就得花3刻钟。如果采用回声测深器，同样的测深工作只要几秒钟就完事了，而且测量的时候轮船仍旧可以照旧行驶，所得到的结果也比用测锤的方法可靠得多，精确得多。最新的测深工作所得到的误差不超过四分之一米（这时候时间的测量要精确到误差不超过$\frac{1}{3000}$秒）。

如果说深海的深度的精确测量对于海洋学有重大意义，那么，在浅水的地方进行又快又精确可靠的测深工作，是对于航海有真正的帮助的，这可以保证航行安全：由于回声测深器的帮助，使得船只能够大胆而且很快地向岸靠近。

在现代的回声测深器里，已经不是用一般的声音，而是用非常强的“超声波”，是人的耳朵听不到的声音，它的频率大约每秒几百万次。这样的声音是由放在很快交变的电场里的石英片（压电石英）振动产生的。

10.6 昆虫的嗡嗡声

为什么昆虫在飞的时候时常会发出嗡嗡声来呢？它们大多数是没有发出这个声音的特殊器官的；这个嗡嗡声是只有在昆虫飞行的时候才听得到，原因是昆虫飞行的时候，每秒钟都要振动它的小翅膀几百次。振动着的翅膀事实上就是振动着的膜片，而我们知道，所有振动得足够频繁的膜片（每秒钟振动数超过16次的），都会产生出一定高低的音调来。

现在你可以明白，人们是用什么方法知道各种昆虫飞行时候翅膀振动的次数的。这件事情很简单，只要从听觉上判定昆虫发出嗡嗡声的音调高低就行了——因为每一种音调都是跟一定的振动频率相当的。在“时间放大镜”（见1.4节）的帮助之下，人们确定了各种昆虫的翅膀振动次数是几乎不变的；昆虫要调节它们的飞行，只是改变翅膀振动的大小——就是“振幅”——和翅膀的倾斜度；只在受到天冷的影响的时候才增加每秒钟振动翅膀的次数。正是因为这个缘故，昆虫在飞行的时候发出的音调总是不变的……

人们已经测定了，譬如说，苍蝇（飞的时候发出*F*调音）每秒钟振动翅膀352次。山蜂每秒钟振动翅膀220次。蜜蜂在空着身子飞的时候发出

A调音，每秒钟振动翅膀440次，如果带着蜜飞行，只振动330次（B调）。甲虫飞行时发出的音调比较低，两翅振动得比较慢。相反的，蚊子每秒钟要振动翅膀500~600次。为了使大家对于上面这一些数目有比较进一步的了解，让我来告诉你一个数目：飞机的螺旋桨，平均每秒钟只转25转。

10.7 听觉上的幻象

如果我们由于一个什么原因，认为一个轻微的声音不是从近处，而是从很远的地方传来的，那么，这个声音听起来就好像响得多。我们时常可以碰到这种听觉上的幻象，只是不大注意罢了。

下面这个很有趣的例子，就是一位美国科学家威廉·詹姆士在他著的《心理学》中所描述的：

有一天深夜，我正静坐着看书，突然，从房子前面传来一阵可怕的响声，接着，响声停止了，一会儿又响起来。我跑到客厅去，想细听一下这个声音，但是没有再听到。我刚回到房里坐下，把书拿起来，那个可怕的声音又强烈地响起来了，就像风暴或者泛滥的河水快要到来一样。这个响声从四面八方传来。我被弄得极度不安，再次走到客厅去，那声响又没有了。

当我重新回到房里的时候，突然发现，这个声音原来是一只睡在地板上的小狗打鼾时发出来的……

这里有趣的是，一找到响声的真正原因，不管怎么努力，原来的幻觉就再也不会重现了。

读者可能也会从自己日常生活中回想起同样的例子来。我就不止一次地碰到过这种情形。

10.8 蟋蟀在哪里叫？

一个发出声音的物体在哪里，我们时常容易弄错的，不是它的距离，而是它的方向。

图153　什么地方的枪声，左边还是右边？

我们的耳朵能够很好地辨别枪声是从左边发出的还是从右边发出的（图153）。但是假如这声源是在我们的正前方或者正后方，我们的耳朵就时常没有能力辨明声源的位置（图154）：正前方放出的枪声，听起来时常像是在后面发出的一样。

在这种情形，我们只能够根据声音的强度辨别枪声的远近。

下面是能够使我们学到许多东西的一个实验。叫随便哪一位包起眼睛坐在房间中央，请他安静地坐着不动，也不要把头转动。然后，你拿两枚硬币敲响起来，你所站的位置要总是在他的正前方或者正后方。现在请他说出敲响硬币的地方。他的答案会奇怪得简直叫你不相信：声音发生在房间的这一角，他却会指出完全相反的一点！

假如你不是站在他的正前方或者正后方，那么错误就不会这么严重。这是很容易了解的：现在他离得比较近的那只耳朵已经可以比较先听到这个声音，而且听到的声音也比较大，因此他能够判定声音是从哪里发出的。

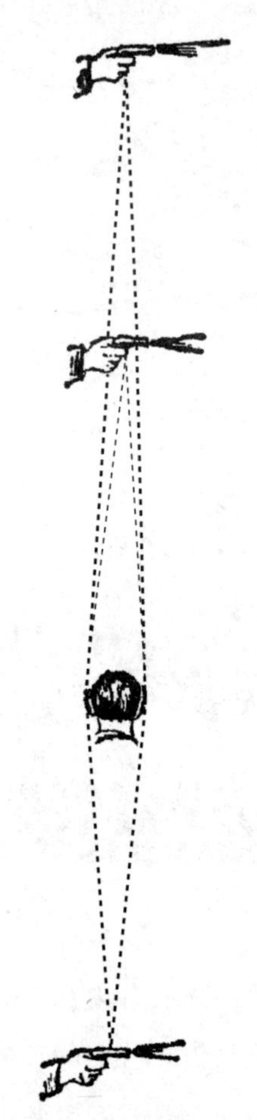

图154　哪里发出的枪声？

这个实验同时说明了为什么在草丛里很难找到蟋蟀的原因。蟋蟀的响亮声音从离你两步远的右边草丛里发出。你往那边看去，但是，什么也没有看到，而声音却已经变成从左边传来了。你把头转到那边去，——但是声音又从第三个地点传来了。你的头向声音的方向转得越快，那位看不到的音乐家好像也跳得越机敏。事实上，这只蟋蟀却始终是在同一个地方；它的捉摸不到的“跳跃”，不过是你想象的结果，是听觉欺骗的结果罢了。你的错误就在于当你扭转头部的时候，恰好使蟋蟀的位置在你头部的正前方或者正后方。这时候，我们已经知道，就很容易弄错声音的方向：蟋蟀原来是在你的正前方，你却错误地认为它是在相反的方向上。

从这里可以得到一个实际的结论：假如你想知道蟋蟀的声音、杜鹃的歌声以及这一类远地方传来的声音从什么地方发出，千万不要把面孔正对声音，而要把面孔侧对声音，这样，一个耳朵就正对声音。我们平常说“侧耳倾听”，我们就正是这样做的。

10.9　声音的怪事

当我们咀嚼烤干的面包片的时候，我们会听到很大的噪音，但是在我们旁边的朋友也正在大嚼同样的烤面包片，我们却听不到什么显著的声音。这位朋友是怎样避免发出噪音的呢？

原来，这种噪音只有自己的耳朵才听到，你旁边的朋友是听不到的。人体头部的骨骼，跟一切坚韧的物体一样，非常容易传导声音，而声音在实体介质里，有时候会加强到惊人的程度。嚼烤面包片时候的碎裂声，经过空气传到别人的耳朵里，只听到轻微的噪音；但是那个破裂声假如经过头部骨骼传到自己的听觉神经，就要变成很大的噪音了。这儿还有一个同样性质的例子：把你的怀表圆环用牙齿咬起来，两只手掩紧两只耳朵，你会听到很重的打击声，滴答声给加强了许多倍！

贝多芬耳聋以后，据说就是用一根棒听取钢琴演奏的，他把棒的一端触在钢琴上，另一端咬在牙齿中间。许多内部听觉还完整的聋子，也都能够依着音乐的拍子跳舞，这是因为音乐的声音经过地板和他的骨骼传导过来的缘故。

10.10 关于“腹语”的奇闻

让我们如此惊奇的“腹语术”实际上是基于听觉的几个特性，我们下面就要谈到它。

甘普松教授写道：

如果一个人在房脊上走，他说话的声音传到房子里就像是说悄悄话一样。他越走向房顶的边缘，声音就越来越小。如果我们坐在屋子的某个房间里，我们的耳朵没有办法告诉自己声音的相对方向和说话人与我们的距离。但是我们会根据声音的变化判断出来说话者是在远离我们。如果这个声音对我们说：“说话者是在房顶上移动”，我们很容易就会相信他的话。而假如这时外面有一个人开始跟这个人对话，并得到了合情合理的回答，我们关于这个对话的存在的错觉自然就会出现。

腹语者就是利用了这种现象表演的。当轮到类似在房顶的这样一个人说话的时候，腹语者开始小声嘟囔；而当轮到他自己说话的时候，他就大声而又清楚地说，以便凸显是在跟某个人对话。他问话的内容和假想的那个对话者的回答都会加强我们的错觉。这个骗术的要害就在于想象中的在外面的这个人的声音事实上是从舞台上的这个人这里传出来的，就是说是从完全相反的方向。

应该指出，“腹语者”这个称呼实际上不太恰当。腹语者不应该让观众发现轮到假想的那个对话者说话时是他自己在说。为达到这个目的，他还有很多小伎俩。比如他可以靠各种手势的帮助分散观众的注意力。他可以把身子倾向一侧，把手罩在耳朵上，好像在听谁说话一般。他还要极力地挡住自己的嘴唇；要是实在没法把脸挡住，就要极力做一些好像不得不动嘴唇的事。他就是这样发出那些含混的、轻微的声音的。嘴唇的运动被掩盖得很好，以至于有些人以为演员的声音是从身体内部的某个部位发出来的。所以他们才被称为“腹语者”。

其实，腹语者的“奇闻”只是由于我们没有办法准确判断声音的方向和说话人与我们之间的距离。在通常条件下我们只能获得一个大概的情况，而这对我们在一般条件下理解声音就已经足够了，尽管实际上我们在判断声源上已经犯了很愚蠢的错误，尽管实际上完全明白腹语者的表演是怎么一回事，我们看着他仍然很难克服错觉。

（京）新登字083号

图书在版编目（CIP）数据

趣味物理学 / (俄罗斯) 别莱利曼著 ; 符其珣译. — 北京：中国青年出版社，2021.1（2023.4重印）
（新时代青少年成长文库）
ISBN 978-7-5153-6259-5

Ⅰ. ①趣… Ⅱ. ①别… ②符… Ⅲ. ①物理学－青少年读物
Ⅳ. ①O4-49

中国版本图书馆CIP数据核字（2020）第257887号

策　　划：皮　钧　李师东
统　　筹：马惠敏　彭宇珂
责任编辑：彭　岩
书籍设计：瞿中华

出版发行：中国青年出版社
社址：北京市东城区东四十二条21号
邮政编码：100708
网址：www.cyp.com.cn
门市部：010-57350370
编辑部：010-57350407
印刷：三河市君旺印务有限公司
经销：新华书店
开本：880mm×1230mm　1/32
印张：7.625
插页：2
字数：130千字
版次：2021年1月北京第1版
印次：2023年4月河北第2次印刷
定价：35.00元